美国
生物技术安全治理
——法规报告选编

许豫缘　田德桥 ◎ 编译

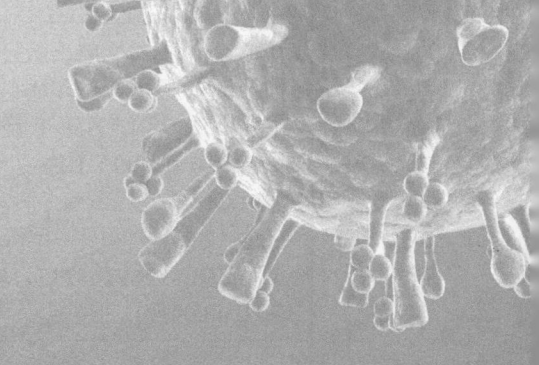

科学技术文献出版社
SCIENTIFIC AND TECHNICAL DOCUMENTATION PRESS
·北京·

图书在版编目（CIP）数据

美国生物技术安全治理：法规报告选编 / 许豫缘，田德桥编译. —北京：科学技术文献出版社，2024.12
ISBN 978-7-5235-1312-5

Ⅰ.①美… Ⅱ.①许… ②田… Ⅲ.①生物工程—安全管理—研究—美国 Ⅳ.① Q81

中国国家版本馆 CIP 数据核字（2024）第 075007 号

This is a translation of excerpts from reports copyrighted by the National Academy of Sciences, first published in English by National Academies Press. All rights reserved.
Reports include: Biotechnology Research in an Age of Terrorism; An International Perspective on Advancing Technologies and Strategies for Managing Dual-Use Risks: Report of a Workshop; Globalization, Biosecurity, and the Future of the Life Sciences; Life Sciences and Related Fields: Trends Relevant to the Biological Weapons Convention; Preparing for Future Products of Biotechnology; Gene Drives on the Horizon: Advancing Science, Navigating Uncertainty, and Aligning Research with Public Values; Dual Use Research of Concern in the Life Sciences: Current Issues and Controversies; Governance of Dual Use Research in the Life Sciences: Advancing Global Consensus on Research Oversight: Proceedings of a Workshop

美国生物技术安全治理——法规报告选编

策划编辑：郝迎聪　责任编辑：李晓晨　公　雪　责任校对：王瑞瑞　责任出版：张志平

出　版　者	科学技术文献出版社	
地　　　址	北京市复兴路15号　邮编　100038	
编　务　部	（010）58882938，58882087（传真）	
发　行　部	（010）58882868，58882870	
邮　购　部	（010）58882873	
官方网址	www.stdp.com.cn	
发　行　者	科学技术文献出版社发行　全国各地新华书店经销	
印　刷　者	北京厚诚则铭印刷科技有限公司	
版　　　次	2024 年 12 月第 1 版　2024 年 12 月第 1 次印刷	
开　　　本	710×1000　1/16	
字　　　数	182千	
印　　　张	12.25	
书　　　号	ISBN 978-7-5235-1312-5	
定　　　价	48.00元	

版权所有　违法必究

购买本社图书，凡字迹不清、缺页、倒页、脱页者，本社发行部负责调换

前　言

生物技术（biotechnology）是指人们以现代生命科学为基础，结合其他基础学科的科学原理，采用先进的工程技术手段，按照预先的设计改造生物体或加工生物原料，为人类生产出所需产品或达到某种目的的技术。先进的工程技术手段包括基因工程、细胞工程、蛋白质工程、抗体工程、酶工程、发酵工程、生物分离工程等[①]。生物技术涉及生物医药和健康、农业、能源、环保、制造等多个领域。生物技术的进步和产业的快速发展为人类生活和社会经济发展带来了极大益处。

同时，许多科学家、政策研究人员及国际组织对生物技术应用的生物安全风险及伦理问题甚为担忧，特别是近些年反向遗传学、合成生物学、基因编辑等技术发展的安全问题引起了广泛关注。为降低生物技术可能带来的负面影响，一些国家颁布了相应的法规并加强生物技术安全治理。

美国在生物技术安全治理领域有相对较为完善的法规体系，相继颁布了《美国国立卫生研究院涉及重组或合成核酸分子的研究指南》《生物技术监管协调框架》《美国政府生命科学两用性研究监管政策》等政策法规。美国各联邦政府部门依法各自承担相应的监管职责。美国卫生与公众服务部（Department of Health and Human Services，HHS）成立了国家生物安全科学顾问委员会（National Science Advisory Board for Biosecurity，NSABB），在国家安全和科学研究需求上对生物技术两用性研究提供建议；美国国家科学院（National Academy of Sciences，NAS）针对功能获得性研究、基因编辑、基因驱动等技术的安全风险进行研讨并发布了相应的研究报告。

我国高度重视前沿生物技术及生物产业发展，取得了显著进展，但我国在生物技术安全治理方面有待加强，目前相关法规和规章不够完善，监管也有待加强。

---

① 宋思扬，楼士林. 生物技术概论[M]. 4版. 北京：科学出版社，2014.

本书疏理了美国生物技术安全治理相关法规、美国政府及美国国家科学院相关研究报告，供我国生物技术安全相关管理部门与研究人员参考。

　　本书分为美国生物技术安全相关法规、政府机构报告及美国国家科学院报告3个部分，摘译了其重要内容。每节后的资料来源是该法规报告的来源；参考文献是每节正文中所引用的文献；推荐阅读是与每节内容相关的文献，大部分来源于资料来源文献。此外，本书最后的推荐阅读是与生物技术安全治理相关的国内外图书、期刊文献。

　　书中不当之处，请读者批评指正。

编者

2024年12月

目 录

第一章　美国生物技术安全相关法规 1

第一节　NIH 涉及重组或合成核酸分子的研究指南 1
一、《NIH 指南》概述 1
二、风险评估 3
三、《NIH 指南》涵盖的实验 4
四、监管部门及人员职责 7

第二节　生物技术产品监管协调框架 12
一、生物技术产品监管原则 13
二、监管部门职责 15

第三节　美国政府生命科学两用性研究监管政策 17
一、监管宗旨及原则 18
二、监管范围 19
三、监管部门职责 21

第四节　美国政府生命科学两用性研究机构监管政策 23
一、监管政策 23
二、监管范围 25
三、监管框架 26
四、部门、机构及人员职责 27

第五节　高致病性 H5N1 禽流感病毒研究资助决策框架 31
一、美国卫生与公众服务部资助框架 32
二、美国卫生与公众服务部资助框架审查流程 33

第六节　增强性潜在大流行病原体研究资助决策框架 36
一、《HHS P3CO 框架》宗旨及原则 36
二、监管部门职责 38
三、审查流程评估 40

第七节 合成双链 DNA 供应商的筛查框架指南 40
    一、合成 dsDNA 筛查指南 41
    二、筛查框架概述 43
    三、具体筛查流程 45
    四、联系部门 47

第二章 政府机构报告 49

第一节 提高人员可靠性和加强责任文化培养的指导意见 49
    一、报告概述 49
    二、NSABB 主要做法 50
    三、提高人员可靠性和加强责任文化培养的推荐建议 51
    四、提高人员可靠性和加强责任文化培养的有效做法 53

第二节 评估和监管功能获得性研究的推荐建议 54
    一、报告概述 55
    二、NSABB 审议办法及指导原则 56
    三、风险与收益评估指导框架 57
    四、政策分析 60
    五、NSABB 调查结果 62
    六、NSABB 建议 64

第三节 新方向：合成生物学与新兴技术伦理 69
    一、合成生物学 70
    二、美国监管措施 73
    三、总结与建议 75

第四节 合成生物学与美国生物技术监管系统：挑战和选择 80
    一、报告概述 80
    二、生物技术产品监管协调框架 81
    三、植物产品监管 84
    四、微生物产品监管 85

目　录

第三章　美国国家科学院报告 89

第一节　恐怖主义时代的生物技术研究 89
一、生物技术进展 89
二、美国监管环境 92
三、生物剂的监管 94
四、建议 95

第二节　技术进步和管理两用性风险的国际视角 99
一、报告概述 99
二、新兴生物技术介绍 100
三、治理措施 101

第三节　全球化、生物安保和生命科学的未来 106
一、报告概述 106
二、生物技术发展利弊 107
三、新兴生物技术及应用 109
四、建议 113

第四节　生命科学及相关领域：与《禁止生物武器公约》相关的趋势 118
一、报告背景 118
二、生物技术发展现状 119
三、生命科学研究的应用 121
四、生命科学研究的多学科融合 122
五、科学技术趋势评估 124
六、总结 127

第五节　为未来生物技术产品做好准备 129
一、报告背景 129
二、报告概述 130
三、现行生物技术监管制度 132
四、结论 133
五、建议 138

第六节 发展中的基因驱动技术 140
    一、概述 141
    二、基因驱动相关技术 143
    三、基因驱动与人类健康 149
    四、基因驱动治理框架 150

第七节 生命科学值得关注的两用性研究：当前问题和争议 157
    一、报告背景 157
    二、值得关注的两用性研究监管措施 158
    三、调查结果 161

第八节 生命科学两用性研究治理：推进研究监管的全球共识 164
    一、会议概述 164
    二、研讨会讨论 164
    三、治理措施 166

结 语 168

缩略词 169

推荐阅读 174

第一章
美国生物技术安全相关法规

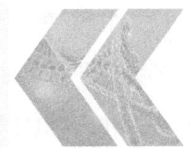

美国政府非常重视生物技术发展，将其放在促进经济发展、保障国家卫生健康、提高国家竞争力等战略地位加以考虑；同时美国对生物技术安全治理非常重视，发布了许多相关法规、指南等。

第一节 NIH 涉及重组或合成核酸分子的研究指南

1976 年，美国国立卫生研究院（National Institutes of Health，NIH）发布了《NIH 重组 DNA 研究指南》（NIH Guidelines for Research Involving Recombinant DNA Molecules）并在后续进行了多次修订①。随着合成生物学（synthetic biology）技术的发展，2013 年指南更名为《NIH 涉及重组或合成核酸分子的研究指南》（NIH Guidelines for Research Involving Recombinant or Synthetic Nucleic Acid Molecules）。该指南适用于接受 NIH 资助的研究机构进行与重组或合成核酸分子有关的研究，以下内容来源于 2019 年更新版的《NIH 涉及重组或合成核酸分子的研究指南》（以下简称《NIH 指南》）。

一、《NIH 指南》概述

（一）目的

《NIH 指南》旨在明确关于构建和处理下列物质的生物安全实践和防护原则：

---

① 1973 年，参加美国戈登（Gordon）核酸会议的科学家呼吁美国国家科学院召集一个研究小组，以制定有关基因重组研究的安全指南，为了回应科学家的担忧，1975 年 NIH 在加利福尼亚州的阿西洛马（Asilomar）召开了国际重组 DNA 分子会议，与会者制定了生物安全原则，为重组 DNA 研究安全提供指导。1974 年 10 月，NIH 成立了重组 DNA 咨询委员会（Recombinant DNA Advisory Committee，RAC），并于 1976 年 6 月发布了研究指南，随后进行了多次更新[1]。2013 年指南更名为《NIH 关于重组或合成核酸分子研究的指南》[2]。

①重组核酸分子；②合成核酸分子，包括经化学或其他修饰并可以与天然存在的核酸分子进行碱基配对的分子；③含有以上分子的细胞、生物体或病毒。

获得 NIH 资助的机构在进行涉及重组或合成核酸分子研究时必须遵守《NIH 指南》，实验方案必须提交给 NIH 或具有管辖权的联邦部门进行审查和批准。已从 NIH 以外的联邦部门获得批准或许可的实验无须 NIH 再次审查或批准。

（二）定义

（1）在《NIH 指南》中，重组或合成核酸分子被定义为：①通过连接核酸分子可以在活细胞中复制的分子；②通过化学或其他方式合成或扩增，可与天然存在的核酸分子碱基配对的分子；③由上述情况复制产生的分子。

（2）机构（institution）：指任何公共或私人机构（包括联邦政府、州政府和地方政府机构）。

（3）机构生物安全委员会（Institutional Biosafety Committee，IBC）：对涉及重组或合成核酸分子的研究等进行监管的委员会。

（4）美国国立卫生研究院科学政策办公室（NIH Office of Science Policy，NIH OSP）：是 NIH 机构内办公室，主要负责审查和协调与《NIH 指南》相关的所有活动。

（5）启动（initiation）：研究的启动是指将重组或合成核酸分子引入生物体、细胞或病毒中的过程。

（6）有意释放（deliberate release）：指有计划地将含有重组或合成核酸分子的微生物、植物或动物引入环境的行为。

（三）适用性

《NIH 指南》适用于以下几个方面。

1. 美国或其海外领土内的所有涉及重组或合成核酸分子的以下研究

（1）NIH 直接进行及接受 NIH 资金支持的重组或合成核酸分子研究。

（2）由 NIH 提供基金支持的、涉及在人体试验中引入重组或合成核酸分子的研究。

2. 在美国以外进行的重组或合成核酸分子研究

（1）由 NIH 提供资金支持的研究。

（2）由NIH提供基金支持的、涉及在人体试验中引入重组或合成核酸分子的研究。

（3）如果研究所在国家已经制定了进行重组或合成核酸分子研究的规则，那么研究必须符合这些规则。如果研究所在国家没有此类规则，拟议的研究必须由NIH批准的机构生物安全委员会或同等审查机构审查和批准，并且需所在国相应政府部门书面同意，采取的安全措施必须与《NIH指南》要求一致。

(四)《NIH指南》依从性要求

该指南作为NIH资助涉及重组或合成核酸分子研究的条件，机构应确保在进行此类研究时，不论资金具体来源，研究均符合《NIH指南》要求。

当发现有研究不遵守《NIH指南》时，任何人均可向美国国立卫生研究院科学政策办公室和相关部门提供相关信息。机构一般是通过机构生物安全委员会采取相应行动。相关机构应当将完整的事件报告提交给美国国立卫生研究院科学政策办公室。

具体要求如下。

（1）所有由NIH资助的、涉及重组或合成核酸分子的研究都必须遵守《NIH指南》。

（2）若非NIH直接资助的、涉及重组或合成核酸分子的项目由接受NIH相应技术资助的机构实施或发起，也应遵守《NIH指南》。

不遵守可能导致：NIH暂停、限制或终止对不合规研究项目的经费资助。

二、风险评估

《NIH指南》根据研究所涉及生物剂对健康成人的致病性将生物剂分为4个风险组（risk grouping，RG），如表1-1所示。

表1-1 生物剂风险分类

风险组	说明
风险组1（RG1）	与健康成人疾病无关的生物剂
风险组2（RG2）	与人类疾病相关的生物剂，一般不严重或致命，且一般具有预防或治疗措施

续表

风险组	说明
风险组3（RG3）	与严重或致命的人类疾病相关的生物剂，可能具有预防性或治疗性措施（高个体风险但低群体风险）
风险组4（RG4）	可能引起严重或致命人类疾病的生物剂，通常没有预防性或治疗性措施（高个体风险和高群体风险）

三、《NIH指南》涵盖的实验

（一）启动前需要NIH主任和机构生物安全委员会批准的实验

将耐药性状转移到已知不会自然获得该性状的微生物上，如果获得该性状后可能损害控制人、动物、植物病原体的能力，则需要NIH主任的批准。

在机构生物安全委员会的请求下，美国国立卫生研究院科学政策办公室将决定特定的此类实验是否需要NIH主任批准。

（二）启动前需要美国国立卫生研究院科学政策办公室和机构生物安全委员会批准的实验

如果不向美国国立卫生研究院科学政策办公室提交有关拟议实验的信息，就无法启动此类实验。此类实验的防护条件将由美国国立卫生研究院科学政策办公室与特定专家确定。此类实验在启动前需要机构生物安全委员会的批准。

（1）涉及克隆毒素分子的特定实验。

（2）在收到研究者的实验申请后，美国国立卫生研究院科学政策办公室将确定拟议的实验方案是否等同于已由NIH主任批准过的主要实验类型。只有当美国国立卫生研究院科学政策办公室确定二者没有实质性的差异且不会对生物安全和公共卫生造成影响时，实验才会被认为是等效的，且不需要NIH主任进行审查和批准。

（三）涉及人类基因转移，在启动前需要机构生物安全委员会批准的试验

涉及将重组或合成核酸分子或来自重组或合成核酸分子的DNA或RNA转移到一个或多个人类研究参与者体内的试验。

人类基因转移是指有意将以下二者转移到受试者体内。

（1）重组核酸分子，或来自重组核酸分子的 DNA 或 RNA。

（2）符合以下任一标准的合成核酸分子，或来自合成核酸分子的 DNA 或 RNA：

①含有 100 个以上的核苷酸；

②具有能够整合到基因组中的生物学特性；

③具有在细胞中复制的能力；

④可以翻译或转录。

在获得机构生物安全委员会及其他相应授权和批准之前，不得启动此类研究。

研究有意将重组或合成核酸分子转移到研究参与者体内时，若参与者是美国食品药品监督管理局（Food and Drug Administration，FDA）允许进行新药临床试验（investigational new drug，IND）[①]的个体患者，以及新药拥有紧急使用授权，则不受《NIH 指南》约束，也不需要机构生物安全委员会进行审查和批准。

（四）启动前需要机构生物安全委员会批准的实验

（1）在启动此类实验前，课题组长（principal investigator，PI）必须向机构生物安全委员会提交一份申请文件，文件内容包括：① DNA 的来源；②插入的 DNA 序列的性质；③拟使用的宿主和载体；④若试图获得外来基因的表达，则需指明将产生的蛋白质；⑤将采取的《NIH 指南》中规定的防护条件。

（2）实验范围：

①使用风险组 2、风险组 3、风险组 4 或受限制生物剂作为宿主载体系统的实验。

②将来自风险组 2、风险组 3、风险组 4 或受限制生物剂的 DNA 克隆到非致病性原核生物或低等真核宿主载体系统中的实验。

③使用感染性 DNA 或 RNA 病毒的实验。

④涉及整只动物的实验：将重组或合成核酸分子引入动物生殖系来改变动物的基因组，以及涉及在整个动物体内进行重组或合成核酸分子的实验。

---

① 美国食品药品监督管理局（Food and Drug Administration，FDA）的新药审评包括新药临床试验（IND）申请审评及新药上市申请（New Drug Application，NDA）审评两个过程。化合物通过临床前试验后，需向美国食品药品监督管理局提交 IND 申请，以便可以将该化合物应用于人体试验[3]。

⑤涉及整株植物的实验：用重组或合成核酸分子对植物进行基因工程改造，繁殖此类植物，或植物与经过基因改造的微生物或昆虫共同进行的试验应在相应的防护条件下进行。

⑥涉及10升以上培养物的实验：涉及含有重组或合成核酸分子生物体的大规模使用的实验，防护措施将由机构生物安全委员会决定。

⑦涉及流感病毒的实验：对重组或合成产生流感病毒的实验应在与病毒风险水平相对应的生物安全防控条件下进行。

（五）启动的同时需要机构生物安全委员会知悉的实验

（1）涉及生成不超过任何真核病毒基因组 2/3 的重组或合成核酸分子的实验。

（2）涉及整株植物的实验：

1）建议将生物安全一级实验室（biosafety level-1，BL1-P）用于所有未在《NIH指南》中涵盖的涉及重组或合成核酸分子的植物及植物相关微生物的实验。

2）建议以下实验在生物安全二级实验室（BL2-P）或加强生物安全一级实验室（BL1-P+）中进行。

①涉及由重组或合成核酸分子修饰的有害杂草植物实验，或可能与附近区域的有害杂草杂交的实验。

②涉及引入DNA为非外来传染性因子的完整基因组的植物实验。

③与重组或合成核酸分子修饰的非外来微生物相关的植物实验，这些微生物可能对自然生态系统产生严重有害影响。

④与重组或合成核酸分子修饰的外来微生物相关的植物实验，这些微生物对自然生态系统不会产生严重有害影响。

⑤涉及重组或合成核酸分子修饰的节肢动物或与植物相关的小动物的实验，或与节肢动物及小动物有关的涉及重组或合成核酸分子修饰的微生物的实验，前提是其对自然生态系统不会产生严重有害影响。

（3）涉及转基因啮齿动物的实验：

涉及啮齿动物的生殖系基因组被稳定引入重组或合成核酸分子的实验。

（六）豁免实验

以下重组或合成核酸分子的研究不受《NIH指南》的约束，不需要机构生物安全委员会审查，但可能受其他联邦和州生物安全标准要求。

（1）某些合成核酸：①既不能复制也不能产生可以在任何活细胞中复制的核酸；②不能被整合到 DNA 中；③不产生对脊椎动物致命的毒素。

（2）仅由来自自然界单一来源的重组或合成核酸序列组成。

（3）完全由来自真核宿主的核酸组成的，包括其叶绿体、线粒体或质粒，且当仅在该宿主中复制时。

（4）已经获得可转座元件的基因组 DNA 分子，前提是可转座元件不包含任何重组或合成 DNA。

（5）已由 NIH 主任确定对健康或环境不会造成重大风险的研究。

四、监管部门及人员职责

（一）政策

因为无法预见所有涉及重组或合成核酸分子的实验，所以《NIH 指南》永远不会有最终版。利用新的遗传操作技术可以更快、更有效或更大规模地完成同样的工作，但新技术存在的安全问题超出了当前用于重组核酸研究的风险评估框架。因此，对涉及新兴技术的实验应进行风险评估（risk assessments，RA），同时考虑可能改善风险评估的方式。

《NIH 指南》旨在协助相关机构、机构生物安全委员会、生物安全官（biological safety officer，BSO）和课题组长确定应实施的防控措施。机构及其相关人员有责任遵守《NIH 指南》的原则及其具体内容。因此，每个机构有责任确保由机构直接进行或发起的涉及重组或合成核酸分子的研究都符合《NIH 指南》。以下涉及的机构及其职责构成了一个管理框架，其中安全是重要组成部分。

（二）机构职责

1. 基本信息

由 NIH 资助，涉及重组或合成核酸分子研究的机构有责任确保研究符合《NIH 指南》的规定。

（1）机构应在必要时建立额外的策略，以管理机构履行《NIH 指南》规定的安全职责。相关程序可能包括：①机构为全面实施《NIH 指南》而发布的声明；

②机构认为适当的其他预防措施。

（2）设立一个符合规定要求的机构生物安全委员会。

（3）如果机构在生物安全三级或四级实验室进行重组或合成核酸分子研究，或者从事大规模培养（超过10升）的研究，则需要任命一名生物安全官，生物安全官应是机构生物安全委员会成员。

（4）如果机构进行涉及植物的重组或合成核酸分子研究，则需要至少任命一名具有植物、植物病原体或植物病虫害控制专业知识的人员（同时为机构生物安全委员会成员）。

（5）如果机构进行涉及动物的重组或合成核酸分子研究，则需要至少任命一名具有动物生物安全知识的人员（同时为机构生物安全委员会成员）。

（6）确保机构参与或发起涉及人类参与者的重组或合成核酸分子研究时要做到：①机构生物安全委员会成员具有足够的专业知识和培训经验；②在获得机构生物安全委员会批准及所有其他相应的监管部门授权之前，不得启动人类基因转移试验。

（7）协助并确保课题组长等研究人员遵守《NIH 指南》。

（8）确保对机构生物安全委员会主任和成员、生物安全官和其他防护人员、课题组长和实验室工作人员进行有关实验室安全和《NIH 指南》实施的培训。机构生物安全委员会主任负责确保机构生物安全委员会成员得到合适的培训。课题组长有责任使课题组成员获得合适的培训，研究所有责任使课题组长得到足够的培训。

（9）确定参与重组或合成核酸分子研究项目的人员进行健康监测的必要性，并开展相应的健康监测。

（10）在30天内向美国国立卫生研究院科学政策办公室报告任何违反《NIH 指南》或任何与研究相关的重大事故和疾病等。

2. 机构生物安全委员会

（1）机构应设立机构生物安全委员会，其职责可不限于重组或合成核酸研究，并使其满足以下要求：

①机构生物安全委员会应当由不少于5名成员组成，他们应具有重组或合成核酸分子技术方面的经验和专业知识，并有能力评估重组或合成核酸分子研究的

安全性，以及确定对公共卫生或环境的任何潜在风险。

②为确保审查和批准涉及重组或合成核酸分子的研究，机构生物安全委员会应包括在重组或合成核酸分子专业技术、生物安全和物理防护方面具有相关知识的人员；包括或将了解相应政策、适用法律、公众态度的人员作为顾问；至少包括一名代表实验室技术人员的成员。

③机构应向美国国立卫生研究院科学政策办公室提交年度报告，包括所有机构生物安全委员会成员的名册，明确指出主要负责人、联系人、生物安全官、植物专家、动物专家、人类基因治疗经验方面的专家或特定顾问及所有机构生物安全委员会成员的简历。

④任何成员都不得参与审查或批准有直接经济利益的研究项目。

⑤机构可制定机构生物安全委员会的具体工作程序。

⑥在可能的情况下，鼓励机构向公众开放其机构生物安全委员会会议。

⑦在收到请求的情况下，机构应向公众提供机构生物安全委员会的所有会议记录，以及从资助部门收到的所有文件。

（2）机构生物安全委员会代表机构具有以下职能。

①审查由机构直接进行或发起的重组或合成核酸分子研究是否符合《NIH指南》中的规定，并批准符合《NIH指南》的研究项目。该审查应包括对符合《NIH指南》范围的研究的防护水平进行独立评估；评估参与重组或合成核酸分子研究的实验室设施、程序、人员专业知识等；对涉及人类参与者的重组或合成核酸分子的研究，就生物安全问题进行评估。

②将机构生物安全委员会审查和批准的结果通知课题组长。

③降低某些实验的风险防控等级。

④设置规定的防护水平。

⑤定期审查在机构进行的重组或合成核酸分子研究，以确保其符合《NIH指南》。

⑥制定处理涵盖重组或合成核酸分子研究造成的意外泄漏和人员污染应急措施。

⑦除非机构生物安全委员会确定课题组长已经提交了报告，否则必须在30天内向相关部门和美国国立卫生研究院科学政策办公室报告任何重大问题或违反

《NIH指南》问题，以及任何与研究相关的重大事故或疾病。

⑧在NIH建立相应的防护标准前，机构生物安全委员会不得授权启动《NIH指南》未明确涵盖的实验。

⑨履行可能委托给机构生物安全委员会的其他职能。

3. 生物安全官

如果涉及重组或合成核酸分子的大规模研究或生产活动，以及在生物安全三级或四级实验室进行重组或合成核酸分子研究，则机构应任命一名生物安全官。生物安全官应为机构生物安全委员会的成员，其职责包括但不限于：

（1）定期审查研究活动，确保严格遵守实验室标准。

（2）向机构和机构生物安全委员会报告任何重大问题、违反《NIH指南》的行为、相关事故或疾病。

（3）制定处理意外泄漏、人员污染事故的应急措施，调查涉及重组或合成核酸分子研究的实验室事故。

（4）提供实验室安保方面的建议。

（5）就研究安全程序向课题组长和机构生物安全委员会提供技术建议。

4. 课题组长

课题组长需确保在进行重组或合成核酸分子研究时完全遵守《NIH指南》，职责如下：

（1）不得自行启动需要机构生物安全委员会批准的涉及重组或合成核酸分子的研究，直到该研究或修改方案得到机构生物安全委员会的批准并满足《NIH指南》的所有要求。

（2）确定实验是否包含在"启动的同时需要机构生物安全委员会知悉的实验"中，并确保遵循相应的流程。

（3）在30天内向生物安全官、机构生物安全委员会、美国国立卫生研究院科学政策办公室和其他有关部门报告任何违反《NIH指南》或与研究相关的重大事故和疾病。

（4）向机构生物安全委员会和美国国立卫生研究院科学政策办公室报告与《NIH指南》有关的任何新信息。

（5）接受足够的微生物技术培训。

（6）遵守机构生物安全委员会批准的处理意外泄漏和人员污染的应急计划。

（7）遵守重组或合成核酸分子的运输要求。

（三）NIH 的职责

1. NIH 主任

NIH 主任负责制定《NIH 指南》并监督其实施，以及最终解释。NIH 主任根据《NIH 指南》承担涉及科学政策办公室（OSP）的职责。

NIH 主任的一般责任包括发布必要的要求以实施《NIH 指南》；管辖美国国立卫生研究院科学政策办公室；为机构生物安全委员会成员、生物安全官、课题组长和实验室工作人员开展或支持实验室安全培训项目。

NIH 主任的具体职责为 NIH 主任或其指定人员应通过分析和咨询来权衡每个拟议的研究建议，以确定其是否符合《NIH 指南》，对人类健康或环境不会造成重大风险。

2. 科学政策办公室

科学政策办公室应作为涉及重组或合成核酸分子研究的主要监管部门，向 NIH 内外提供建议，包括机构、生物安全官、课题组长、联邦机构、州和地方政府及私营机构。科学政策办公室应履行 NIH 主任可能委派的其他职责。

科学政策办公室与特定专家一起审查和批准实验；根据需要在《联邦公报》（*Federal Register*，*FR*）[①] 上发布相关信息；审查机构生物安全委员会是否符合要求并批准机构生物安全委员会成员的资格。

3. 美国国立卫生研究院其他部门

认证生物安全四级实验室设施，定期对其进行检查，并在必要时检查其他涉及重组或合成核酸分子实验的设施。

资料来源

[1] National Institutes of Health. NIH guidelines for research involving recombinant or

---

① 《联邦公报》（*Federal Register*，*FR*），是美国联邦政府的政府公报，访问地址：https://www.federalregister.gov。

synthetic nucleic acid molecules[EB/OL]. [2023-01-01]. https://osp.od.nih.gov/wp-content/uploads/NIH_Guidelines.pdf.

参考文献

[1] 田德桥. 生物技术安全[M]. 北京：科学技术文献出版社，2021：97-98.

[2] 吴焱斌，王岳. 美国重组DNA咨询委员会的演变史[J]. 科技导报，2022，40（15）：113-122.

[3] 药研制剂. 药研君和你一起从FDA批准程序中读懂IND、NDA、BLA、ANDA以及OTC[EB/OL]. [2023-03-05]. https://www.canbigou.com/d/165.html.

推荐阅读

[1] BAYHA R, HARRIS K L, SHIPP A C, et al. The NIH Office of Biotechnology Activities site visit program: observations about institutional oversight of recombinant and synthetic nucleic acid molecule research[J]. Applied biosafety, 2015, 20（2）: 75-80.

[2] WILSON D J. NIH Guidelines for research involving recombinant DNA molecules[J]. Accountability in research. 1993, 3（2-3）: 177-185.

第二节　生物技术产品监管协调框架

　　1986年，美国政府发布了《生物技术监管协调框架》（Coordinated Framework for the Regulation of Biotechnology），在此框架和1992年《生物技术监管协调框架更新版》（1992 Update to the Coordinated Framework）基础上，2017年，美国总统行政办公室（Executive Office of the President，EOP）发布了《生物技术监管协调框架》2017年更新版（Final Version of the 2017 Update to the Coordinated Framework for the Regulation of Biotechnology），旨在进一步明确参与生物技术产品监管的主要部门的作用和责任，并确保监管系统能为生物技术的未来产品做好准备。

一、生物技术产品监管原则

（一）背景情况

为了对生物技术产品进行监管，1986 年，白宫科学技术政策办公室（White House Office of Science and Technology Policy，OSTP）发布了《生物技术监管协调框架》[1]，确定了生物技术产品安全的 3 个主要监管部门——美国国家环境保护局（Environmental Protection Agency，EPA）、美国食品药品监督管理局（Food and Drug Administration，FDA）和美国农业部（US Department of Agriculture，USDA）。

1992 年，白宫科学技术政策办公室发布了《生物技术监管协调框架更新版》，该框架是对 1986 年《生物技术监管协调框架》的更新，要求监管应以生物技术产品的特性及其引入的环境为基础，而不是生物技术产品的制造过程。

2015 年 7 月 2 日，美国总统行政办公室发布了一份备忘录，指示对生物技术产品负有监管责任的主要联邦机构更新协调框架。2017 年，生物技术工作组（Biotechnology Working Group，BWG）根据总统行政办公室要求制定了 2017 年《生物技术监管协调框架》更新版。该更新版进一步明确了美国国家环境保护局、美国食品药品监督管理局和美国农业部的具体监管职责①。

（二）主要任务

2015 年总统行政办公室设立的生物技术工作组，由总统行政办公室、美国国家环境保护局、美国食品药品监督管理局和美国农业部的代表组成。生物技术工作组的主要任务包括：

（1）明确哪些生物技术产品属于哪个部门的监管责任范围。

（2）明确不同部门在不同产品领域，特别是一些属于多个部门监管范围的产品监管中所扮演的角色，以及这些部门在监管过程中如何协调。

（3）明确各部门之间在履行各自监管职责时进行沟通和协调的机制。

（4）明确定期审查和更新协调框架的机制，支持创新、保护健康和环境，并促进公众对生物技术产品监管体系的信任。

---

① 内容来自 https://www.epa.gov/regulation-biotechnology-under-tsca-and-fifra/update-coordinated-framework-regulation-biotechnology。

对于第一项任务,2017年《生物技术监管协调框架》更新版描述了由每个主要监管部门监管的生物技术产品领域。对于第二项任务,2017年《生物技术监管协调框架》更新版提供了按生物技术产品领域的责任表。该表描述了可能对某一生物技术产品负有监管责任的一个或多个部门,以及各部门之间的相互协调。对于第三项任务,2017年《生物技术监管协调框架》更新版描述了各部门之间的谅解备忘录(memoranda of understanding,MOU),以及谅解备忘录涵盖的产品和信息类型。对于最后一项任务,2017年《生物技术监管协调框架》更新版讨论了今后框架的完善。

(三)监管原则

以下原则摘自1986年《生物技术监管协调框架》、1992年《生物技术监管协调框架更新版》、第13563号行政命令(Executive Orders 13563)[①]、第13610号行政命令(Executive Orders 13610)、《2011年新兴技术监管原则备忘录》(The 2011 Principles for Regulation and Oversight of Emerging Technologies Memorandum)及2015年7月的总统行政办公室备忘录。这些原则继续为帮助确保生物技术产品安全的主要监管部门提供指导。

(1)联邦法规根据特定用途规范产品。这种方法意味着具有相同用途的产品受到相关监管部门的相同类型的监管。

(2)生物技术产品在许多领域都有应用,如医药、农业、能源、制造和环境保护。

(3)根据相关联邦法规,将生物技术产品预期引入环境将受到联邦监管。

(4)监管部门可利用现有的法规来确保生物技术产品在其预期应用中的安全性。

(5)相关法规规定了每个监管部门的监管范围。

(6)生物技术产品的特性、将其引入的环境及产品的应用决定了其风险。

(7)相关部门应在法律规定的范围内对生物技术产品带来的风险进行监管,而不是重点关注产品的生产过程。

---

① 2011年1月,奥巴马签署的第13563号行政命令制定了各部门在改进新兴技术监管方面的行动原则。

（8）在相关法律规定允许的范围内，基于风险的监管方法，监管系统应区分需要联邦监管和不需要监管的生物技术产品。

（9）美国对生物技术产品的总体监管框架基于不同的现有联邦法律。

（10）各部门努力以整合和协调的方式运行其方案，它们应该共同涵盖生物技术的植物、动物和微生物的全部应用领域。

（11）未来科技发展将使协调框架进一步完善。早期基础科学研究的经验表明，随着科技的进步，可以修改监管方案，以反映对所涉及的潜在风险的更全面理解。

二、监管部门职责

美国国家环境保护局、美国食品药品监督管理局和美国农业部是当前法定的监管部门，以确保生物技术产品的安全性和可用性。3个部门在监管时应对产品进行合理、科学的评估，同时考虑产品的制造过程，减轻或避免风险。

（一）美国国家环境保护局

美国国家环境保护局负责保护人类健康和环境。根据《联邦杀虫剂、杀真菌剂和灭鼠剂法》（Federal Insecticide, Fungicide, and Rodenticide Act, FIFRA），美国国家环境保护局对杀虫剂进行监管；根据《联邦食品、药品和化妆品法》（Federal Food, Drug, and Cosmetic Act, FD&C Act），美国国家环境保护局规定食品中可能存在的农药化学残留量；根据《有毒物质控制法》（Toxic Substances Control Act, TSCA），美国国家环境保护局有权对未被该法规明确排除的新生物技术产品进行审查。

（二）美国食品药品监督管理局

美国食品药品监督管理局监管产品包括人和动物食品、化妆品、人用和兽用药品、人类生物制品和医疗设备。

（三）美国农业部

1. 动植物卫生检疫局（Animal and Plant Health Inspection Service, APHIS）

在美国农业部内，动植物卫生检疫局负责保护农业免受病虫害。美国农业部根据《动物健康保护法》（Animal Health Protection Act, AHPA）和《植物保护法》（Plant Protection Act，PPA），对可能对植物和动物健康构成风险的生物技术产品进行监管。

2. 食品安全检验局（Food Safety and Inspection Service，FSIS）

食品安全检验局是美国农业部的公共卫生机构，负责确保美国肉类、家禽、蛋制品和鱼类的商业供应安全、健康，并贴有正确标签。食品安全检验局根据《联邦肉类检验法》（Federal Meat Inspection Act，FMIA）、《家禽产品检验法》（Poultry Products Inspection Act，PPIA）和《蛋制品检验法》（Egg Products Inspection Act，EPIA），对州际贸易中的所有肉类、家禽和加工蛋制品进行检查。

表 1-2 列出了美国国家环境保护局、美国食品药品监督管理局和美国农业部监管生物技术产品有关的法规和相应的保护目标。

表 1-2　美国国家环境保护局、美国食品药品监督管理局和
美国农业部生物技术产品监管相关法规及保护目标

机构	法规	保护目标
美国国家环境保护局	《联邦杀虫剂、杀真菌剂和灭鼠剂法》（Federal Insecticide, Fungicide, and Rodenticide Act，FIFRA）	防止和消除生物剂对环境的不利影响
	《联邦食品、药品和化妆品法》（Federal Food, Drug, and Cosmetic Act，FD&C Act）	确保农药化学残留物的总体暴露不会造成损害
	《有毒物质控制法》（Toxic Substances Control Act，TSCA）	防止化学物质的制造、加工、销售、使用、处置等活动对人类健康或环境造成不合理的损害风险
美国食品药品监督管理局	《联邦食品、药品和化妆品法》（Federal Food, Drug, and Cosmetic Act，FD&C Act）	确保人和动物食品安全、卫生且贴有相应标签；确保人用和兽用药品安全和有效；确保供人类使用的设备安全和有效；确保化妆品安全并具有规范标签
	《公共卫生服务法》（Public Health Service Act，PHS）	确保生物制品的安全性和有效性
美国农业部	《动物健康保护法》（Animal Health Protection Act，AHPA）	保护牲畜免受动物病虫害的危害

续表

机构	法规	保护目标
美国农业部	《植物保护法》（Plant Protection Act，PPA）	保护农作物和其他重要自然资源免受由植物害虫或有害杂草造成的损害
	《联邦肉类检验法》（Federal Meat Inspection Act，FMIA）	确保美国肉类、家禽和蛋类产品的商业供应安全且贴有正确标签
	《家禽产品检验法》（Poultry Products Inspection Act，PPIA）	确保美国肉类、家禽和蛋类产品的商业供应安全且贴有正确标签
	《蛋制品检验法》（Egg Products Inspection Act，EPIA）	确保美国肉类、家禽和蛋类产品的商业供应安全且贴有正确标签
	《病毒-血清-毒素法》（Virus-Serum-Toxin Act，VSTA）	确保兽用生物制品安全和有效

资料来源

[1] Executive Office of the President. Modernizing the regulatory system for biotechnology products: final version of the 2017 update to the coordinated framework for the regulation of biotechnology[EB/OL]. [2023-01-01]. https://www.fda.gov/media/102658/download.

参考文献

[1] Executive Office of the President. Coordinated framework for regulation of biotechnology [EB/OL].[2023-01-01]. http://www.aphis.usda.gov/brs/fedregister/coordinated_framework.pdf. https://www.fda.gov/media/102658/download.

第三节　美国政府生命科学两用性研究监管政策

2012年3月29日，美国政府发布了《美国政府生命科学两用性研究监管政策》(United States Government Policy for Oversight of Life Sciences Dual Use Research of Concern)，旨在审查美国政府开展或资助的有关高致病性病原体或毒素的研究是否具有潜在的两用性风险；此外，政策还补充了美国政府对拥有和处理病原体或毒素的当前法规和政策。

一、监管宗旨及原则

(一) 监管宗旨

(1) 该政策要求审查美国政府资助或进行的关于某些高致病性病原体或毒素的研究是否为值得关注的两用性研究(Dual Use Research of Concern, DURC),以便降低研究风险和为制定更新的政策提供信息,以监管值得关注的两用性研究。这种监管的根本目的是维护生命科学研究的利益,同时最大限度地降低滥用此类研究提供的知识、信息、产品或技术的风险。

(2) 该政策补充了美国政府关于使用和处理病原体或毒素的现有法规和政策。当前,《危险生物剂条例》(The Select Agent Regulations, SAR)确保对可能对人、动物或植物健康构成严重威胁的病原体或毒素的生物安全(biosafety)和生物安保(biosecurity)进行适当监管①。此外,美国国家生物安全科学顾问委员会(National Science Advisory Board for Biosecurity, NSABB)等联邦咨询机构的建议有助于美国政府确定值得关注的两用性研究政策。该政策将参考国内对话、与国际合作伙伴的互动及包括科学家、国家安保官员和全球卫生专家在内的相关群体的意见,并根据需要进行更新。

(二) 指导原则

(1) 生命科学研究对于科学进步至关重要,是改善公众健康安全、农作物、动物、环境、材料和国家安全的基础。但一些研究提供的知识、信息、产品或技术可能被误用于有害目的。

(2) 对值得关注的两用性研究进行一定程度的联邦和研究机构层面的监管对于降低公共卫生和安全、农作物和其他植物、动物、环境、材料和国家安全的风

---

① 2002年《公共卫生安全和生物恐怖防范应对法》(The Public Health Security and Bioterrorism Preparedness and Response Act)要求卫生与公众服务部(HHS)建立并管理可能对公共卫生和安全构成严重威胁的病原体与毒素清单。2002年《农业生物恐怖主义保护法》要求美国农业部(USDA)建立和管理可能对动物健康和安全、植物健康和安全构成严重威胁的生物剂清单。法律要求美国卫生与公众服务部和美国农业部至少每两年审查和重新发布一次危险病原体与毒素清单。疾病预防控制中心(CDC)和动植物卫生检疫局(APHIS)对某些生物剂负有监管责任[1-2]。

险至关重要。

（3）采取措施降低值得关注的两用性研究风险，并尽可能减少对合法研究的不利影响。

（4）在考虑到美国国家安全利益的同时，美国政府将促进分享由美国政府机构进行或资助的生命科学研究的成果和产品，并在有关国际框架和协议内履行美国政府的义务。

（5）在执行该政策时，美国政府将遵守和执行所有相关的总统指令和行政命令、所有适用的法律和法规，并支持执行具有法律约束力的公约、承诺和联合国安理会禁止开发和使用生物剂作为武器的决议。

（三）定义

（1）值得关注的两用性研究是指基于当前的认识，生命科学研究所提供的知识、信息、产品或技术可能被直接误用，从而对公共卫生和安全、农作物和其他植物、动物、环境、材料或国家安全构成重大威胁、产生广泛潜在影响的研究。

（2）生命科学（life sciences）：涉及生物体（如微生物、人类、动物和植物）及其产品，包括生物学的所有学科和方法，如空气微生物学、农业科学、植物科学、动物科学、生物信息学、基因组学、蛋白质组学、合成生物学、环境科学、公共卫生及生命科学的所有应用。

（3）院外研究（extramural research）：由政府部门根据拨款、合同、合作协议或其他协议资助，而不是由政府部门直接进行的研究。

（4）院内研究（intramural research）：由政府部门直接进行的研究。

二、监管范围

监管将侧重于涉及政策所列出的15种病原体或毒素中的一种或多种的研究，这些病原体或毒素构成蓄意滥用的最大风险，可能造成大规模伤亡，或者对经济、关键基础设施或公众信心造成破坏性影响。

（一）病原体或毒素

（1）禽流感病毒（高致病性）（highly pathogenic avian influenza virus）；

（2）炭疽杆菌（bacillus anthracis）；

（3）肉毒杆菌神经毒素（botulinum neurotoxin）；

（4）鼻疽伯克霍尔德菌（burkholderia mallei）；

（5）类鼻疽伯克霍尔德菌（burkholderia pseudomallei）；

（6）埃博拉病毒（ebola virus）；

（7）口蹄疫病毒（foot-and-mouth disease virus）；

（8）土拉热弗朗西斯菌（francisella tularensis）；

（9）马尔堡病毒（marburg virus）；

（10）重构1918流感病毒（reconstructed 1918 influenza virus）；

（11）牛瘟病毒（rinderpest virus）[①]；

（12）肉毒杆菌产毒株（toxin-producing strains of clostridium botulinum）；

（13）天花病毒（variola major virus）；

（14）类天花病毒（variola minor virus）；

（15）鼠疫耶尔森菌（yersinia pestis）。

（二）实验类别

（1）增强病原体或毒素的有害后果。

（2）在没有临床或农业合理理由的情况下，破坏免疫力或免疫接种对病原体或毒素的有效性。

（3）赋予病原体或毒素对临床或农业上有用的预防或治疗措施的抗性，或增强其逃避检测的能力。

（4）增加病原体或毒素的稳定性、传播或播散能力。

（5）改变病原体或毒素的宿主范围或趋向性。

（6）增强宿主对病原体或毒素的易感性。

（7）生成或重构已根除或灭绝的病原体或毒素。

---

① 牛瘟病毒是一种感染性的麻疹病毒属病毒，会引起牛瘟。牛瘟与麻疹属于同一科，但不感染人类。牛瘟病毒能导致牛出现发烧、严重腹泻和痢疾等症状，甚至死亡[3]。

三、监管部门职责

（一）监管部门主要行动

（1）对所有当前正在进行或拟议的、非涉密的相关院内或院外生命科学研究项目进行审查。

（2）确定上述审查项目是否属于值得关注的两用性研究。

（3）评估此类项目的风险与收益，包括研究如何产生风险及知识、信息、产品或技术的开放获取是否会产生风险。

（4）基于风险评估，与机构或研究人员合作，制订风险消减计划：

①对于已申请但尚未获得资助的值得关注的两用性研究，资助部门将评估是否将风险消减措施纳入资助合同或协议中。

②对于目前资助的值得关注的两用性研究，资助部门将考虑修改资助合同或协议，以纳入风险消减措施。

（5）风险消减措施可能包括但不限于：

①修改研究方案。

②实施特定和提升的生物安全和生物安保措施。

③评估现有医学应对措施（medical countermeasures，MCM）[①]效果，或进行试验确定医学应对措施对值得关注的两用性研究产生的病原体或毒素是否有效。

④向机构推荐可用的值得关注的两用性研究教育工具。

⑤在机构层面，定期审查新的研究发现，以确定是否为新的值得关注的两用性研究。

⑥机构在发现其他值得关注的两用性研究时通知资助部门，并根据需要提出对风险消减计划的修改建议。

⑦确定沟通方式，对研究责任进行沟通。

⑧审查课题组长的年度进展报告，以确定是否已经产生了值得关注的两用性研究结果，如果是，则在必要时采用风险消减措施。

---

① 医学应对措施是美国食品药品监督管理局监管的产品（生物制剂、药物、设备），可用于因生物、化学或放射性/核材料恐怖袭击或自然发生的新疾病而引起的潜在公共卫生紧急情况[4]。

⑨如果无法通过以上措施消减研究带来的风险，那么联邦部门将可能终止提供研究经费。

（二）监管部门向总统国土安全和反恐助理反馈

（1）在该政策发布后60天内，进行以下反馈：

①涉及政策所列出的15种病原体或毒素中的一种或多种的当前或拟议的非保密的院内或院外研究的项目数量。

②涉及政策所列出的15种病原体或毒素中的一种或多种，并会产生政策所列出的7种研究效果中的一种或多种的当前或拟议的非保密的院内或院外研究的项目数量。

（2）在该政策发布后90天内，进行以下反馈：

①当前或拟议的涉及值得关注的两用性研究的公开项目数量。

②通过研究提案与进展报告确定为值得关注的两用性研究的当前项目数量。

③风险概要、针对风险已经到位的消减措施、提出或实施的其他风险消减措施及每种风险消减措施适用的项目数量。

（三）其他

①相关联邦部门每半年提交一次定期报告。

②联邦部门应根据相关和适用的授权和法规履行上述职能。

③对于如何进行风险评估，各部门可参考《生命科学两用性研究监管框架：减少潜在的研究信息滥用策略》（Proposed Framework for the Oversight of Dual Use Life Sciences Research: Strategies for Minimizing the Potential Misuse of Research Information）。

资料来源

[1] United States Government. United States Government policy for oversight of life sciences dual use research of concern[EB/OL].[2023-01-10]. https://www.phe.gov/s3/dualuse/Documents/us-policy-durc-032812.pdf.

参考文献

[1] 田德桥. 生物技术安全[M]. 北京：科学技术文献出版社，2021:36-37.

[2] Centers for Disease Control and Prevention. Select agents and toxins[EB/OL]. [2023-03-05]. https://www.selectagents.gov/sat/index.htm.

[3] 牛瘟 – ET 百科 [EB/OL].[2023-03-05]. http://wiki.etdays.com/html/b192d1018acd-baf5049362a5180f4bf1.html.

[4] FDA. What are medical countermeasures？[EB/OL].[2023-03-05]. https://www.fda.gov/emergency-preparedness-and-response/about-mcmi/what-are-medical-countermeasures.

第四节　美国政府生命科学两用性研究机构监管政策

2014 年 9 月 24 日，美国政府发布了《美国政府生命科学两用性研究机构监管政策》（United States Government Policy for Institutional Oversight of Life Sciences Dual Use Research of Concern），进一步阐明机构在确定值得关注的两用性研究及实施风险消减措施所需的做法和程序。

一、监管政策

（一）监管原则

（1）生命科学研究促进了公共卫生、农业、环境和其他相关领域的进步，并显著促进了国家安全和经济发展。

（2）生命科学研究有可能产生有益的知识、信息、技术或产品，也可能对公共卫生和安全、农作物和其他植物、动物或环境造成危害。因此，应该建立一个框架，对此类研究进行负责任的监管。

（3）生命科学研究可以产生意想不到的结果，必须持续评估两用性风险。

（4）对值得关注的两用性研究的监管必须同时认识到安全和研究进步的必要性。因此，监管程度应与滥用可能产生的结果相称。

（5）有效的监管有助于维持公众对生命科学研究的信心，因为它表明科学界认识到值得关注的两用性研究的影响，并正在采取负责任的行动来保护公众利益和维护安全。

（6）资助值得关注的两用性研究的美国政府部门、公共资金的接受者及进行此类研究的个人共同承担监管责任。

（7）对值得关注的两用性研究的监管采取一致的方法至关重要。

（8）任何对值得关注的两用性研究的监管都应定期评估其有效性及对研究机构的影响。

（9）生命科学研究的自由开放和交流至关重要，它将继续成为美国政府及从事生命科学研究机构的目标。

（10）教育科学界对于生命科学两用性研究风险的认识及培养生命科学家对值得关注的两用性研究的责任感，对于促进负责任的研究行为至关重要。

（11）没有一项政策或指南可以预测每一种可能的情况。研究动机、对两用性问题的认识和良好的判断力是负责任地评估值得关注的两用性研究的关键考虑因素。

（二）定义

在美国政府2012年《美国政府生命科学两用性研究监管政策》的基础上补充了以下定义[①]。

（1）认证（to certify）是指向美国政府证明，受该政策约束的机构遵守该政策的所有方面。

（2）两用性研究（Dual Use Research，DUR）是指以合法目的进行，所产生的知识、信息、技术或产品可用于有益或有害目的的研究。

（3）机构（institution）是指任何政府部门、学术机构、公司、企业、社团、协会或其他进行研究的法律实体。

（4）两用性研究机构联系人（institutional contact for dual use research，ICDUR）是机构指定的作为机构联络的个人，负责处理有关遵守和实施值得关注的两用性研究监管要求的事宜，以及机构与相关美国政府资助部门之间的联络。

（5）机构审查委员会（Institutional Review Board，IRB）是由机构建立并授权

---

① 值得关注的两用性研究（dual use research of concern，DURC）及生命科学（life sciences）等定义可见本书第一章第三节《美国政府生命科学两用性研究监管政策》。

的委员会，主要对两用性研究进行审查。

（6）国家生物安全科学顾问委员会（National Science Advisory Board for Biosecurity，NSABB）是一个美国政府咨询委员会，旨在就两用性研究问题向美国政府提供建议。

（7）课题组长（principal investigator，PI）是由研究机构指定的，负责项目或计划的个人，负责资助部门或研究机构的项目或计划的科学和技术方向。

（三）政策声明

符合本政策规定范围的生命科学研究受美国政府及机构监管。这种监管的目的是在确保研究收益的同时，最大限度地减少值得关注的两用性研究带来的潜在风险。

监管包括确定生命科学研究是否属于值得关注的两用性研究及实施风险消减措施。

二、监管范围

（一）政策适用对象

（1）资助或开展生命科学研究的美国政府部门。

（2）美国境内的机构，包括：

①获得美国政府资金资助进行生命科学研究的机构。

②开展的研究涉及政策所列出的15种病原体或毒素中的一种或多种的机构，即使该研究没有受到美国政府资金资助。

（3）美国境外接受美国政府资助进行涉及政策所列出的15种病原体或毒素中的一种或多种研究的机构。

对于未获得美国政府资助的生命科学研究，若其可能产生的知识、信息、产品或技术可能用于有害目的，虽可不受该政策的监管，但建议其实施与该政策相一致的内部监管程序。

（二）政策监管范围

根据美国政府2012年3月发布的值得关注的两用性研究监管政策，涉及政策所列出的15种病原体或毒素中的一种或多种，并产生政策所列出的7种研究结果中的一种或多种的研究将被评估为值得关注的两用性研究。

（三）依从性要求

不遵守该政策可能会导致美国政府资助的资金被暂停、受限或终止，或失去未来美国政府对机构其他生命科学研究的资助机会，并可能使机构受到法律和法规规定的其他处罚。

三、监管框架

监管框架描述了审查具有两用性研究的组织框架和对值得关注的两用性研究的监管，并阐明了课题组长、机构、美国政府资助部门和美国政府在该政策下的作用和责任。值得关注的两用性研究的审查和监管系统组成包括以下内容。

（1）课题组长确定涉及政策所列出的15种病原体或毒素中的一种或多种的生命科学研究。

（2）研究机构评估政策所列出的15种病原体或毒素中的一种或多种的研究是否产生政策所列出的7种研究效果中的一种或多种。

（3）对于预计产生政策所列出的7种研究效果中的一种或多种的研究，确定该研究是否属于值得关注的两用性研究。风险评估应作为确定研究是否属于值得关注的两用性研究的基础。

（4）确定值得关注的两用性研究的预期收益。应结合风险考虑预期收益，以制订风险消减计划，指导值得关注的两用性研究的实施。风险消减措施必须得到美国政府资助部门的批准。研究机构应至少每年对风险消减措施进行评估，并在研究开展期间根据需要进行修改。

（5）将此审查过程的结果报告相关的美国政府资助部门，并在确定为值得关注的两用性研究的情况下，由机构向美国政府资助部门提供风险消减计划。对于非美国政府资助的研究，应报告美国国立卫生研究院，美国国立卫生研究院将报告提交给相关的部门。

（6）对于受该政策约束的机构，应证明机构将遵守该政策。

（7）2012年3月值得关注的两用性研究监管政策中阐明的美国政府资助部门和美国政府的监管，以及与该政策相关的其他责任。

四、部门、机构及人员职责

（一）课题组长职责

（1）尽快通知机构审查委员会：

①当课题组开展的研究涉及政策所列出的病原体或毒素的一种或多种时。

②当课题组开展的研究涉及政策所列出的病原体或毒素的一种或多种，并且可能产生政策所列出的 7 种研究结果中的一种或多种时。

（2）与机构审查委员会合作，评估研究的两用性风险与收益，并制定风险消减措施。

（3）按照风险消减措施的规定进行值得关注的两用性研究。

（4）了解并遵守监管值得关注的两用性研究的所有部门和美国政府的政策要求。

（5）确保涉及进行政策所列出的 15 种病原体或毒素中的一种或多种生命科学研究的实验室人员受过与值得关注的两用性研究相关的教育和培训。

（6）以负责任的方式传播值得关注的两用性研究成果。研究和研究成果的交流是所有研究人员的一项基本活动，并且在整个研究过程中发生。传播值得关注的两用性研究成果的研究人员应遵守相应的风险消减计划要求。

（二）研究机构职责

根据该政策，接受美国政府资助的研究机构在开展涉及政策所列出的 15 种病原体或毒素中的一种或多种的生命科学研究时，应：

（1）建立并实施内部政策，以识别和有效监管值得关注的两用性研究。

（2）当课题组长开展的研究涉及政策所列出的 15 种病原体或毒素中的一种或多种时，需进行以下审查和监管流程。

①由机构审查委员会核实课题组长开展的研究是否涉及政策所列出的 15 种病原体或毒素中的一种或多种。

②由机构审查委员会审查课题组长开展的研究是否产生政策所列出的 7 种研究效果中的一种或多种。

③由机构审查委员会确定研究是否属于值得关注的两用性研究。如果机构审查委员会确定相关研究不属于值得关注的两用性研究，则该研究不受额外的监

管，但应将机构审查结果通知相关的美国政府资助部门。如果机构审查委员会确定相关研究可能属于值得关注的两用性研究，则应开展额外的审查和监管流程。在经批准的风险消减计划到位之前，不应进行已确定为值得关注的两用性研究。

④在对值得关注的两用性研究进行机构审查后的30天内，向美国政府资助部门报告任何涉及政策所列出的15种病原体或毒素中的一种或多种及政策所列出的7种研究结果中的一种或多种的研究，包括其是否属于符合值得关注的两用性研究。对于非美国政府资助的研究，应报告美国国立卫生研究院，然后根据研究的性质，将报告转交给相关的美国政府资助部门。该报告应包括：与研究相关的拨款或合同编号、课题组长的姓名、所涉及病原体或毒素，并说明为什么该研究被认为会产生政策所列出的7种研究效果中的一种或多种。机构审查委员会对于确定属于值得关注的两用性研究，报告还应包括：机构审查委员会的确定依据。

⑤机构审查委员会结合研究的预期效益，判定值得关注的两用性研究。预期收益应与之前确定的风险一起考虑，以便制订风险消减计划，以指导值得关注的两用性研究的实施。机构应与课题组长和美国政府资助部门合作，以制订风险消减计划。根据2012年3月值得关注的两用性研究监管政策，已经确定为两用性研究且已经制定了风险消减措施，不需要制定新的风险消减措施，但现有的风险消减措施将由机构审查委员会进行持续审查和修改。

⑥在机构审查委员会确定研究为值得关注的两用性研究后的90天内，应向美国政府资助部门提供风险消减计划草案，以供最终审查和批准。在非美国政府资助研究的情况下，应向美国国立卫生研究院指定的美国政府部门提供风险消减计划草案。美国政府部门必须在30天内提供初步答复，并应在收到草案后的60天内最终确定风险消减计划。

⑦实施风险消减计划。在制订风险消减计划并得到美国政府资助部门的批准后，值得关注的两用性研究必须按照该计划进行。

⑧机构审查委员会至少每年对所有风险消减计划进行一次审查。如果相关研究仍构成值得关注的两用性研究，机构审查委员会应根据需要修改风险消减计划。

⑨在 30 天内报告：①机构值得关注的两用性研究的任何变化（包括该研究是否不再属于值得关注的两用性研究）；②风险消减计划任何变化的详细信息。此类报告应提交给美国政府资助部门，非美国政府资助的情况下，应通知美国国立卫生研究院指定的美国政府部门。

（3）建立一种内部机制，让课题组长在以下情况下可将项目提交给机构审查委员会。

①涉及政策所列出的 15 种病原体或毒素中的一种或多种的研究。

②涉及政策所列出的 15 种病原体或毒素中的一种或多种的研究，并且可产生政策所列出的 7 种研究效果中的一种或多种。

③研究属于值得关注的两用性研究范畴。

（4）指定一个值得关注的两用性研究机构联系人，处理有关遵守和实施值得关注的两用性研究监管的相关问题。如果出现有关依从性、政策实施或制订风险消减计划的相关事宜时，机构联系人将作为机构与美国政府资助部门相关官员之间的联络人。

（5）建立机构审查委员会以执行相关要求。机构审查委员会由机构组建并授权进行值得关注的两用性研究审查。机构审查委员会可以单独设立，也可在机构生物安全委员会或外部的委员会的基础上设立，其必须至少由 5 名成员组成，并且应：

①具有足够的授权；

②具有足够专业知识的人员；

③包括了解美国政府相关政策并了解生物安全和生物安保风险评估和风险管理的人员；

④根据具体情况，参与有关研究项目或有直接经济利益的机构审查委员会的成员应回避；

⑤在进行风险评估和制订风险消减计划时，与相关研究的课题组长进行持续沟通。

（6）在研究资助期或合同生效期，以及研究完成后的 3 年内，应保存机构对值得关注的两用性研究进行的审查和完成的风险消减计划的记录，且记录保存不低于8年。

（7）为进行涉及政策所列出的15种病原体或毒素中的一种或多种研究的个人提供有关值得关注的两用性研究相关的教育和培训，并在研究资助或合同期限内及完成后3年内保存此类教育和培训的记录。鼓励机构在关于研究伦理或负责任的研究行为等方面讨论两用性问题。机构需要指定一名个人负责管理文件。

（8）确保遵守该政策和执行已批准的风险消减计划。在30天内，向美国政府资助部门报告不遵守该政策或不执行风险消减计划的情况，以及该机构为防止类似情况再次发生而采取的措施。对于非美国政府资助的研究，应向美国国立卫生研究院指定的部门提交相应报告。

（9）如有必要，当出现研究是否需要进一步审查或监管的有关问题时，协助课题组长进行生命科学研究。

（10）建立一个内部机制，使课题组长能够对机构审查委员会确定的属于值得关注的两用性研究决定提出申诉。

（11）根据适用法律，提供有关该政策要求的研究审查过程的信息。

（12）在申请或接受美国政府生命科学研究基金时，证明机构将遵守或正在遵守该政策的所有方面。

（三）资助部门职责

结合2012年3月值得关注的两用性研究政策，资助生命科学研究的美国政府部门的监管责任如下。

（1）要求所资助的、符合适用标准的机构实施该政策。

（2）回答各机构关于监管值得关注的两用性研究的问题，并就如何遵守该政策向机构提供指导。

（3）对于符合监管政策中所列标准的美国政府部门拟资助的生命科学研究，评估其是否为值得关注的两用性研究，在决定资助前完成风险评估。

（4）在收到机构材料的30天内提供初步答复。在研究属于值得关注的两用性研究情况下，及时确定风险消减计划，不迟于机构最初提交计划草案后的60天。

（5）对不遵守该政策的报告做出回应，并与机构合作处理此类情况。

（6）对于在国外接受美国政府资金的监管环境较差的研究机构，考虑充当机构审查委员会职能。

（四）美国政府职责

（1）开发培训工具和材料，供美国政府各相关部门和执行该政策的机构使用。

（2）提供有关两用性政策和问题的教育和外展服务。

（3）为机构提供值得关注的两用性研究成果共享和沟通的指导。

（4）必要时召集 NSABB 等咨询机构，征求对复杂的值得关注的两用性研究案例的建议。

（5）定期评估该政策对生命科学研究计划和机构的影响，并适时更新该政策。

资料来源

[1] United States Government. United States Government policy for institutional oversight of life sciences dual use research of concern[EB/OL].[2023–01–10]. https:phe.gov/s3/dualuse/Documents/us-policy-durc.pdf.

第五节　高致病性 H5N1 禽流感病毒研究资助决策框架

2013 年美国卫生与公众服务部（HHS）发布了《高致病性 H5N1 禽流感病毒研究资助决策框架》(A Framework for Guiding U.S. Department of Health and Human Services Funding Decisions about Research Proposals with the Potential for Generating Highly Pathogenic Avian Influenza H5N1 Viruses that are Transmissible among Mammals by Respiratory Droplets)，用于指导涉及高致病性 H5N1 禽流感病毒相关研究的资助。该框架旨在确保在做出资助决策之前对研究提案进行严格审查，包括考虑提案的科学和公共卫生收益，与提案相关的生物安全和生物安保风险，以及所需的风险消减措施。

一、美国卫生与公众服务部资助框架

（一）框架背景

2011年，美国国立卫生研究院（NIH）资助的两项研究①针对H5N1禽流感病毒在哺乳动物之间的传播性，引起了人们对意外或故意释放病毒及滥用研究信息而导致该病毒全球大流行可能性的担忧[1-2]。2012年5月，流感研究界启动了一项自愿暂停H5N1禽流感病毒的研究，这些研究可能会产生在哺乳动物中传播性更强的新病毒[3]。

美国卫生与公众服务部（Health and Human Service，HHS）是流感研究的主要资助部门，为了判定高致病性H5N1禽流感病毒在哺乳动物传播性相关研究是否可以获得HHS的资助，美国卫生与公众服务部制定了一个框架，用于指导美国卫生与公众服务部及其资助部门对涉及该病毒研究提案的资助决策。

（二）框架适用范围

美国卫生与公众服务部将通过该框架来指导某些针对高致病性H5N1禽流感病毒功能获得性研究提案的资助决策。框架不包括自然发生的H5N1禽流感病毒，"自然发生"是指在自然界中或通过自然过程产生的突变，而不是由研究人员通过工程手段或通过病毒的连续传代所产生的。

为了确保框架能够在整个研究过程中得以实施，美国卫生与公众服务部将负责确定所有涉及高致病性H5N1禽流感病毒研究项目的资助条件，并要求研究人员报告任何涉及产生通过呼吸道飞沫在哺乳动物间传播高致病性H5N1禽流感病毒的意外情况。此外，框架不会取代任何现有的政策、法规、规则或指南。

（三）机构资助标准

作为资助决定的一部分，在审查研究的潜在风险后，美国卫生与公众服务部资助部门将确定高致病性H5N1禽流感病毒功能获得性（gain-of-function，

---

① 2012年5月2日，Nature刊登了美国威斯康星大学的河冈义裕（Yoshihiro Kawaoka）等对H5N1禽流感病毒突变使其在哺乳动物间传播的研究结果[1]。2012年6月22日，Science刊登了荷兰伊拉斯姆斯大学医学中心的罗恩·富希耶（Ron Fouchier）等进行的H5N1禽流感病毒突变在哺乳动物间传播的研究结果[2]。

GOF）研究提案是否符合下列标准，不符合任一下列标准的提案将不会被资助。

（1）预期产生的病毒可以通过自然进化过程产生。

（2）研究解决了对公共卫生具有重要意义的科学问题。

（3）没有其他可行的风险更低的替代方法来解决同样的科学问题。

（4）实验室工作人员和公众的生物安全风险可以得到充分降低和管控。

（5）生物安保风险可以得到充分降低和管控。

（6）为了实现全球健康的潜在收益，可广泛分享该研究信息。

（7）可对研究的实施进行有效监管。

美国卫生与公众服务部资助部门在考虑资助功能获得性研究相关提案时将采取上述标准。研究人员和机构在提交研究提案时应考虑该标准，在获得美国卫生与公众服务部资助的涉及高致病性H5N1禽流感病毒研究项目的整个周期内继续采取这些标准。资助部门应初步确定经审查的生物安全和生物安保风险消减措施是否充分，必要情况下，需在资助合同中纳入额外措施。

二、美国卫生与公众服务部资助框架审查流程

（一）前期审查

美国卫生与公众服务部资助框架要求对预计产生经呼吸道飞沫在哺乳动物间传播的高致病性H5N1禽流感病毒的研究提案进行额外审查，这些提案将接受额外的资助部门审查及部级审查（department-level review），以确定其是否可接收美国卫生与公众服务部资助。在对研究价值和是否为值得关注的两用性研究进行审查后，美国卫生与公众服务部资助部门将确定该提案预期是否会产生经呼吸道飞沫在哺乳动物间传播的高致病性H5N1禽流感病毒，如果会产生，资助部门将确定拟议的研究是否符合前述7条标准。

在考虑是否资助某些高致病性H5N1禽流感病毒功能获得性研究提案时，美国卫生与公众服务部必须逐案分析与每个提案相关的潜在风险与收益。风险评估将包括仔细考虑与研究提案相关的潜在风险及收益的范围和程度，评估风险是否超过收益，以及减轻潜在风险的策略。此类评估不仅要考虑提案中所使用病毒特

性的相关风险，还要考虑提案中涉及的任何实验操作相关风险。风险评估还将考虑研究被滥用的难易程度及这种滥用的预计可能时间。

风险评估也将在其他审查期间进行，如机构生物安全委员会的审查和资助部门对值得关注的两用性研究的审查。此类评估将纳入专门针对高致病性H5N1禽流感病毒功能获得性研究提案的风险-收益评估。在资助部门审查提案以确定其是否符合资助标准期间，将开展风险收益评估。

（二）美国卫生与公众服务部部级审查

如果一项有可能产生经呼吸道飞沫在哺乳动物间传播的高致病性H5N1禽流感病毒的研究提案经过同行评审和值得关注的两用性研究审查后，符合所有标准，并且正在由美国卫生与公众服务部资助部门考虑资助，则需要开展额外的部级审查，以确定该提案是否可以接受美国卫生与公众服务部资助。部级审查将提供多学科专业知识，包括公共卫生、科学、安保、情报、应对措施等，用于评估研究项目。部级审查还将确定所需的其他风险消减措施，并最终确定研究提案是否可接受美国卫生与公众服务部资助。部级审查的目的包括：

（1）审查资助部门的风险评估。

（2）提供额外的多学科专业知识，以考虑是否存在可能影响研究资助评估改变的其他因素。

（3）仔细考虑是否会增加在哺乳动物的致病性；破坏诱导的宿主免疫；干扰现有疫苗的有效性；产生针对该生物剂在临床或农业上起预防性或治疗性干预措施的抵抗性；促进病毒逃避检测的能力。

（4）确定需要采取哪些措施来降低风险。

（5）确定该提案是否可接受美国卫生与公众服务部资助。

部级审查将在美国卫生与公众服务部高致病性H5N1禽流感病毒功能获得性研究的整体框架下。

在收到来自资助部门的提案信息14个工作日内，应急准备与反应助理部长办公室（The Office of the Assistant Secretary for Preparedness and Response，ASPR）将在美国卫生与公众服务部法律顾问办公室（HHS Office of General Counsel）的协助下，召集核心审查小组，并在必要时召集特定顾问。资助部门工作人员将说明该提案内容及重要性。审查小组和特定顾问将讨论该提案，考虑其对国家安全、公共卫生、国际协定及任何其他问题的影响。部级审查的意见和建议摘要将发送给应急准备与反应助理部长办公室，以确定给定的提案是否可接受美国卫生与公众服务部资助。

在部级审查后被确定为不符合资助部门要求的提案不可接受美国卫生与公众服务部的资助，并反馈申请人理由。

资料来源

[1] U.S. Department of Health and Human Services. A framework for guiding U.S. Department of Health and Human Services funding decisions about research proposals with the potential for generating highly pathogenic avian influenza H5N1 viruses that are transmissible among mammals by respiratory droplets[EB/OL]. [2023-06-10]. http://www.phe.gov/s3/dualuse/Documents/funding-hpai-h5n1.pdf.

参考文献

[1] IMAI M, WATANABE T, HATTA M, et al. Experimental adaptation of an influenza H5 HA confers respiratory droplet transmission to a reassortant H5 HA/H1N1 virus in ferrets[J]. Nature, 2012, 486（7403）: 420-428.

[2] HERFST S, SCHRAUWEN E J, LINSTER M, et al. Airborne transmission of influenza A/H5N1 virus between ferrets[J]. Science, 2012, 336（6088）: 1534-1541.

[3] FOUCHIER R A, GARCÍA-SASTRE A, KAWAOKA Y. Pause on avian flu transmission studies[J]. Nature, 2012, 481（7382）: 443.

推荐阅读

[1] United States Government. United States Government policy for oversight of life sciences dual use research of concern[EB/OL]. [2023-01-10]. https:phe.gov/s3/dualuse/Documents/us-policy-durc-032812.pdf.

[2] United States Government. United States Government policy for institutional oversight of life sciences dual use research of concern[EB/OL]. [2023–01–10]. https:phe.gov/s3/dualuse/Documents/us-policy-durc.pdf.

[3] FAUCI A S. Research on highly pathogenic H5N1 influenza virus: the way forward[J]. Mbio, 2012, 3（5）: e00359-12.

第六节　增强性潜在大流行病原体研究资助决策框架

2017年美国卫生与公众服务部发布了《增强性潜在大流行病原体研究资助决策框架》（Department of Health and Human Services Framework for Guiding Funding Decisions about Proposed Research Involving Enhanced Potential Pandemic Pathogens）（以下简称《HHS P3CO框架》），确保关于潜在大流行病原体的研究进行多学科、部级的资助审查和评估，以指导决策。

一、《HHS P3CO框架》宗旨及原则

（一）框架宗旨

研究潜在大流行性病原体（potential pandemic pathogens，PPPs）对于维护全球健康和安全至关重要。然而，进行此类研究存在生物安全和生物安保风险，必须充分考虑和适当消减这些风险，在此过程中，《HHS P3CO框架》的宗旨是在保持涉及增强性潜在大流行性病原体（enhanced potential pandemic pathogens，ePPPs）生命科学研究收益的同时，最大限度地降低潜在的生物安全和生物安保风险。

（二）框架范围

（1）潜在大流行性病原体应满足以下两个条件：

①很可能具有高度传播性，并且可能在人群中广泛和无法控制地传播。

②很可能具有高毒力，并且可能导致人群很高的发病率或死亡率。

（2）增强性潜在大流行性病原体（enhanced PPP）被定义为传播性或毒力增

强的潜在大流行性病原体。无论其大流行潜力如何，增强性潜在大流行性病原体不包括在自然界中传播或发现的天然病原体。

（3）就本框架而言，在以下几类研究中传播性或毒力发生变化的病原体不被视为增强性潜在大流行性病原体。

①监测活动，包括采样和测序。

②与开发和生产疫苗有关的活动，如产生产量更高的疫苗株。

（4）已被资助部门确定为合理预期创建、转移或使用增强性潜在大流行性病原体且正在考虑资助的院内和院外生命科学研究，需经过额外的美国卫生与公众服务部部级审查。

（三）资助决策的标准

对预期创建、转移或使用增强性潜在大流行性病原体拟议研究的部级审查基于以下标准：

（1）该研究已由独立的专家审查程序进行评估，并被确定为在科学上是合理的。

（2）研究预期创建、转移或使用的病原体必须被合理地判断为潜在的未来人类疫情大流行的可能来源。

（3）对与研究相关的总体潜在风险与收益的评估表明，与对社会的潜在收益相比，潜在风险是合理的。

（4）没有其他可行、同样有效且风险更小的替代方法解决同一问题。

（5）进行研究的机构应有安全可靠地开展研究的能力，并且有能力快速应对实验室事故及潜在的安保漏洞。

（6）预期的研究成果将根据适用的法律法规和政策进行负责任的传播，以实现其潜在收益。

（7）研究将通过资助机制得到支持，这些机制可对风险进行管理，并在整个研究过程中对研究的各个方面进行持续的联邦和机构监管。

（8）该研究在伦理上是合理的，非恶意、正义、尊重、科学自由和负责任的管理是多学科审查过程在决定是否资助涉及潜在大流行性病原体研究时应考虑的因素。

二、监管部门职责

（一）监管框架

（1）对受部级审查研究的识别、审查和监管，需要资助部门及卫生与公众服务部负责（表1-3）。

表1-3 《HHS P3CO框架》下的责任概述

机构	职责
资助部门 （Funding Agency）	①进行科学价值审查。 ②将合理预期创建、转移或使用增强性潜在大流行性病原体的拟议研究提交部级审查。 ③提供部级审查所需的相关信息。 ④根据要求参与部级审查过程。 ⑤考虑部级审查提出的建议。 ⑥做出资助决定并规定条件，包括相应的风险消减措施。 ⑦向美国卫生与公众服务部和白宫科学技术政策办公室报告有关资助决定的相关信息。 ⑧如果资助，确保实施相关的风险消减措施及其他资助条件
美国卫生与公众服务部（HHS）	①召集一个多学科小组，审查由资助部门确定为可合理预期创建、转移或使用增强型潜在大流行性病原体的拟议研究。 ②严格评估拟议研究，包括风险与收益评估和风险消减计划评估。 ③考虑指导美国卫生与公众服务部资助决策的8项标准及其他相关因素和信息。 ④提出关于美国卫生与公众服务部资助的建议，包括补充的风险消减措施或相关条件

（2）部级审查将评估资助部门提交的拟议研究。评估将包括如下考虑。

①拟议研究的风险与收益评估（risk and benefit assessments，RBA）。

②风险消减计划。

③其他相关因素。

（3）部级审查将向资助部门提出建议，说明拟议的研究是否可以接受美国卫生与公众服务部资助，以及如果获得资助，应在资助条件中纳入哪些额外的风险消减措施。

（4）如果获得资助，将合理预期创建、转移或使用增强性潜在大流行性病原体的研究可能需要额外的风险消减措施，其中可能包括但不限于：

①修改研究方案。

②应用特定或增强的生物安保、生物安全及生物防护措施。

③评估现有的医学应对措施有效性，或进行试验确定医学应对措施对研究产生的病原体或毒素是否有效。

④负责任地分享研究结果的方法。

（二）美国卫生与公众服务部部级审查

（1）正在由美国卫生与公众服务部资助部门考虑资助的拟议研究，经独立的内部或外部审查程序被认为具有科学价值，并且已被资助部门确定为合理预期创建、转移或使用增强性潜在大流行性病原体的研究，须提交给美国卫生与公众服务部进行部级审查。

（2）部级审查的目的是对拟议研究进行多学科审查和评估，对美国卫生与公众服务部是否资助给出建议，如果资助，则帮助确定合适的风险消减措施。部级审查，应代表以下学科：科学研究、生物安全、生物安保、医学应对措施的发展和可用性、法律、伦理、公共卫生、生物防御、危险生物剂法规和公共卫生政策等。部级审查小组可能包括来自美国卫生与公众服务部和其他联邦部门的列席参加人员。

（3）在部级审查中，应特别注意以下方面的拟议研究。

①增强病原体的有害后果。

②在没有临床或农业方面正当理由的情况下破坏针对病原体的免疫或免疫接种的有效性。

③使病原体对临床或农业上针对该病原体的预防性或治疗性干预措施具有抗性，或促进病原体抵抗检测方法。

④增加病原体的稳定性、传播性或播散能力。

⑤改变病原体的宿主范围或趋向性。

⑥增强宿主对病原体的易感性。

⑦产生或重建已根除或灭绝的病原体。

（4）部级审查可能会产生以下建议：

①可被美国卫生与公众服务部资助的研究。

②不可被美国卫生与公众服务部资助的研究。

③研究可被美国卫生与公众服务部资助，条件是修改某些实验。

④研究可被美国卫生与公众服务部资助，条件是在联邦或机构层面采取某些风险消减措施。

三、审查流程评估

美国卫生与公众服务部将根据需要定期评估和修改此审查流程，以反映科学进步和监管环境的变化。为了帮助为此类评估提供信息，并提高透明度及公众参与审查和监管过程，美国卫生与公众服务部将定期要求 NSABB 审查该流程。

资料来源

[1] Department of Health and Human Services. Framework for guiding funding decisions about proposed research involving enhanced potential pandemic pathogens[EB/OL].[2023-01-10].https://www.phe.gov/s3/dualuse/Documents/P3CO.pdf.

推荐阅读

[1] 田德桥，王华，曹诚. 流感病毒功能获得性研究风险评估[M]. 北京：科学出版社，2018：32-54.

[2] 田德桥. 生物技术安全[M]. 北京：科学技术文献出版社，2021：36-37.

第七节 合成双链 DNA 供应商的筛查框架指南

2010 年，美国卫生与公众服务部发布了《合成双链 DNA 供应商的筛查框架指南》（Screening Framework Guidance for Providers of Synthetic Double-Stranded DNA），为合成双链 DNA（dsDNA）的公司提供行为指南，以确保能够同时筛查客户和其预期合成的 dsDNA 序列是否合规，从而促进基因合成（DNA synthesis）技术的有益应用，保障生物安全。

一、合成 dsDNA 筛查指南

(一) 指南概述

在美国，已被确定的危险病原体或毒素由《危险生物剂条例》(The Select Agent Regulations，SAR) 及针对国际订单的《出口管理条例》(Export Administration Regulations，EAR) 进行监管。为了降低个人利用核酸合成技术获取危险病原体或毒素 (biological select agents and toxins，BSAT) 的遗传物质及《出口管理条例》中商业控制清单 (commerce control list，CCL) 上所列生物剂的风险，美国政府为筛查合成 dsDNA 提供了一个框架。

在收到合成 dsDNA 的订单后，美国政府建议供应商进行客户筛查和序列筛查。如果客户筛查或序列筛查存在问题，供应商应进行后续筛查。如果后续筛查不能解决有关订单的担忧，或者认为客户可能有意或无意地违反美国法律，供应商应联系美国政府相关部门以获取更多信息和帮助。

(二) 定义

(1) 供应商 (provider)：是指合成和提供 dsDNA 的实体。供应商被理解为一个合成 dsDNA 并将其提供给客户的实体，而不是研究科学家。

(2) 客户 (customer)：是指从供应商处订购或请求合成 dsDNA 的个人或组织。

(3) 主要用户 (principal user)：是指接受并使用合成 dsDNA 序列的个人。

(三) 目标

指南的主要目的是最大限度地减少未经授权或具有恶意意图的个人通过使用核酸合成技术获得危险病原体或毒素的风险，同时降低对研究及相应产业的负面影响。指南是参考供应商现有协议制定的，并且可以在全球范围内使用。其中，合成 dsDNA 的供应商有以下两个职责：

(1) 供应商应该知道他们向谁提供产品。

(2) 供应商应该知道他们合成和提供的产品是否包含"值得关注的序列"(sequence of concern)。

指南概述了一个筛选框架，该框架将帮助供应商履行以上两项责任。

(四) 筛查框架

1. 建立综合筛查框架

供应商应建立一个全面综合的筛查框架，包括客户筛查和序列筛查，以及可能需要的后续筛查。

（1）客户筛查（customer screening）：客户筛查的目的是确定订购合成 dsDNA 序列的客户合法性。

（2）序列筛查（sequence screening）：序列筛查的目的是确定订单是否包含"值得关注的序列"。当订单存在此类序列时，应制定后续筛查流程进一步判断。推荐对所有 dsDNA 序列进行序列筛查。

（3）后续筛查（follow-up screening）：后续筛查的目的是验证客户和最终用途的合法性。

2. 总体筛查方法

（1）在客户筛查中，供应商应审查客户提供的信息，以验证其公司或个人身份，并确定潜在的"危险信号（red flags）"。供应商还应根据商务部、国务院或财政部发布的被禁止人员名单来筛查客户。

在序列筛查中，美国政府建议筛查序列是否为《危险生物剂条例》所列病原体或毒素序列：

①如果订购的 dsDNA 产品为《危险生物剂条例》所列危险病原体或毒素序列，或者为"值得关注的序列"，则应执行额外的客户验证步骤。

②如果订购的 dsDNA 产品根据《危险生物剂条例》被归类为危险病原体或毒素，供应商必须在《危险生物剂条例》要求下注册才能拥有 dsDNA 产品。从供应商处转移材料必须根据动植物卫生检疫局（Animal and Plant Health Inspection Service，APHIS）和疾病预防控制中心（Centers for Disease Control and Prevention，CDC）规定的程序，获得授权并记录转移过程。

③如果国际订单包括商业控制清单上列出的产品序列，需进行其他限制或许可。

（2）如果序列筛查或客户筛查存在任何问题，供应商应进行后续筛查，以验证客户和订购序列的最终用途的合法性。如果供应商需要额外帮助，可通过联系就近的联邦调查局办事处大规模杀伤性武器（weapons of mass destruction，WMD）协调员向相关的美国政府部门寻求建议。

二、筛查框架概述

（一）客户筛查

客户筛查包括供应商的两项首要责任：验证客户合法性和识别潜在"危险信号"。

1. 客户验证

（1）美国政府建议合成 dsDNA 的供应商应收集以下信息以验证客户的身份：

①客户的全名和联系信息；

②客户地址和送货地址；

③客户所属的机构或公司。

（2）为确保遵守美国有关出口和受制裁个人和国家/地区的法规，对于每个订单，供应商应根据多个被禁实体名单筛查客户信息。

2. 识别"危险信号"

在审查客户的订单信息时，供应商应考虑订单的最终用途、客户的任何情况，例如：

（1）身份不明、掩护身份或无法确认信息。

（2）在正常业务范围内不应该订购此类订单。

（3）要求不寻常的标签或运输程序。

（4）要求不寻常的付款方式。

（5）要求有关订单的信息（如最终目的地）异常保密，特别是要求销毁交易记录的情况。

如果对客户信息的审查显示一个或多个"危险信号"，美国政府建议供应商进行后续筛查。

（二）序列筛查

序列筛查应识别所订购序列是否为"值得关注的序列"，供应商应筛查所有的 dsDNA 订单。

1. 识别"值得关注的序列"

美国政府建议对 dsDNA 订单进行筛查，以筛查编码病原体或毒素的序列，对于国外订单，筛查商业控制清单所列病原体、毒素或遗传因子的 dsDNA。美国卫生与公众服务部和美国农业部确定了"危险病原体或毒素"清单，供应商应根据这些确定的清单筛查订单。

（1）清单由可能对人类或动植物构成严重威胁的病原体或毒素组成。

（2）清单确定的"危险病原体或毒素"的拥有、使用和转移应通过联邦法规进行管理。

危险病原体或毒素清单每两年审查一次，并根据需要进行更新，以满足生物安保要求。

2. 序列筛查的技术目标和建议

美国政府制定了以下序列筛查目标和建议，以确保可靠和准确地发现源自或编码"值得关注的序列"的合成订单。

（1）美国政府推荐序列筛查方法能够识别病原体或毒素特有的序列；对于国际订单，序列筛查还应能够识别商业控制清单所列的病原体、毒素和遗传因子所特有的序列。

（2）美国政府推荐对 DNA 序列和多肽序列同时进行序列筛查。

（3）美国政府推荐序列比对方法应能够检测任何"值得关注的序列"。

3. 序列筛查方法

（1）对序列筛查采用"最佳匹配"方法，以确定序列是否来自危险病原体或毒素；对于国际订单，确定序列是否来自商业控制清单所列的危险病原体或毒素的序列。

（2）即使订单被认为是可以接受的，供应商也应将所有筛查记录至少保留 8 年。

（三）后续筛查

后续筛查的目的是验证客户和最终用途的合法性。

如果客户筛查或序列筛查存在任何问题，应进行后续筛查。在任何情况下，如果订单存在异常情况或客户订购"值得关注的序列"，供应商应询问有关客户的信息，包括订单的最终用途，以评估其订单的合法性。

如果客户隶属于某个机构或公司，供应商应联系相关的生物安全官、主管、实验室主任或其他相关机构代表，以确认订单、验证客户的身份、验证订单的合法性。如果客户不隶属于某个机构或公司，供应商还应对客户过去的研究进行文献审查，以验证身份和订单的合法性。如果客户没有任何出版物，供应商应要求客户提供可以验证其身份和订单合法性的参考资料。

三、具体筛查流程

（一）国内订单

一旦收到国内客户订单，供应商应同时进行客户筛查和序列筛查。

1. 客户筛查

为了避免违反美国法律，供应商可根据几个被禁止实体的列表检查客户，包括：

（1）美国财政部外国资产管制办公室（The Office of Foreign Assets Control of the US Department of the Treasury，OFAC）特别指定的人员和被限制人员名单（specially designated nationals and blocked persons list，SDN List）。

（2）国务院发布的参与扩散活动的人员名单。

（3）商务部被拒人员清单（denied persons list，DPL）。

2. 序列筛查

供应商还应进行序列筛查。如果确定为"值得关注的序列"，供应商应进行后续筛查。

（二）国际订单

一旦收到来自国际客户的订单，供应商应进行客户筛查和序列筛查。

1. 客户筛查

所有从美国向国际客户出口产品的供应商都必须遵守美国出口法律，包括《国际紧急经济权限法》（The International Emergency Economic Powers Act）[1]、《与敌人贸易法》（The Trading with the Enemy Act）[2]及任何已实施的美国政府法规或总统行政命令。与受制裁国家/地区的某些交易可能是允许的，但需要获得财政部外国资产管制办公室或商务部工业和安全局（Department of Commerce's Bureau of Industry and Security，BIS）的许可。为了遵守美国出口法律和法规，供应商必须首先确定是否允许与受制裁国家/地区进行特定交易，如果未经许可或批准而不允许，则在将任何产品出口到受制裁国家/地区之前，需要获得出口许可证或其他美国政府许可。

（1）根据美国法规，未经财政部外国资产管制办公室许可，美国个人或实体不得与特别指定人员和被限制人员名单（specially designated nationals and blocked persons list，SDN List）上的个人或实体进行交易。

（2）任何美国个人或实体不得与因从事扩散活动而受到国务院制裁的个人进行商业交易。

（3）在处理不能根据出口管制分类号（export control classification number，ECCN）分类的dsDNA产品的国际订单之前，供应商必须根据《出口管理条例》查阅针对个人和实体的各项清单。

（4）供应商不得与被拒人员清单上的个人和实体开展业务。

（5）根据《出口管理条例》，针对实体清单（entity list，EL）上的个人或实体出口需要出口许可证。

（6）为避免违反美国法律法规，每当国际客户下订单时，供应商都应查阅这些清单。供应商在根据这些清单筛查客户或主要用户时，应确保他们使用最新的清单。

（7）根据《出口管理条例》，如果订单涉及出口，则供应商和客户都必须保留交易的书面证据。

2. 序列筛查

供应商还应进行序列筛查。美国政府提醒供应商对来自国际客户的订单进行序列筛查，以确定它们是否受《出口管理条例》的管辖并遵守《出口管理条例》的规定。

美国政府建议，除了筛查《危险生物剂条例》的病原体或毒素特有的序列，供应商还应在国际客户下订单时识别商业控制清单上病原体、毒素和危险生物剂的遗传因子特有的序列。根据《出口管理条例》，如果订购的dsDNA受《出口管理条例》的限制，并且能够编码蛋白质，则所有国际订单都需要出口许可证。由于《出口管理条例》的商业控制清单和《危险生物剂条例》并不相同，建议供应商确保筛查国际订单，以同时识别《危险生物剂条例》及商业控制清单列出的序列。

四、联系部门

如果后续筛查无法解决客户筛查或序列筛查的关切，美国政府建议供应商联系以下部门以获取更多信息。

（一）联邦调查局（Federal Bureau of Investigation，FBI）

如果订单由于客户筛查或序列筛查引起关注，并且后续筛查不能充分验证客户的身份和订单预期的最终用途，供应商应联系就近的联邦调查局办事处的大规模杀伤性武器协调员。如果后续筛查显示客户对订单没有合法需要，供应商也应与大规模杀伤性武器协调员联系。

（二）疾病预防控制中心和动植物卫生检疫局

如有必要，可以通过国家危险生物剂网站（http://www.selectagents.gov）联系负责联邦危险生物剂计划（Select Agent Program，SAP）①的疾病预防控制中心和动植物卫生检疫局。

（三）商务部

如果序列筛查显示来自国际客户的订单包含危险生物剂序列或"值得关注的序列"，供应商应联系就近的商务部出口执法办公室。如果供应商收到来自受美国贸易禁运国家的国际订单，也应联系出口执法办公室。

资料来源

[1] HHS. Screening framework guidance for providers of synthetic double-stranded DNA [EB/OL].[2023-06-01]. https://www.federalregister.gov/docu-

---

① 疾病预防控制中心的危险病原体与毒素部门（Division of Select Agents and Toxins，DSAT）和动植物卫生检疫局的农业危险病原体与毒物部门（Division of Agricultural Select Agents and Toxins，DASAT）共同制订了联邦危险生物剂计划[3-4]。

ments/2010/10/13/2010-25728/screening-framework-guidance-for-providers-of-synthetic-double-stranded-dna.

参考文献

[1] Congressional Research Service. The international emergency economicpowers act: origins, evolution, and use[EB/OL]. [2024-01-30]. https://crsreports.congress.gov/product/pdf/r/r45618.

[2] HAND C H. The trading with the enemy act[J]. Columbia law review, 1919, 19（2）, 112-139.

[3] Centers for Disease Control and Prevention. Division of Select Agents and Toxins: about the federal select agent program[EB/OL].[2023-03-05]. https://www.cdc.gov/orr/dsat/about-fsap.htm.

[4] 田德桥. 生物技术安全[M]. 北京：科学技术文献出版社，2021：36-37.

第二章
政府机构报告

生物技术往往涉及一些前沿技术,无既往可借鉴的管理措施,需要权威部门提供咨询、指导。美国卫生与公众服务部于 2005 年成立了国家生物安全科学顾问委员会(National Science Advisory Board for Biosecurity, NSABB),在国家安全和科学研究需要上对生物技术两用性研究提供建议。美国总统奥巴马设立了总统生物伦理问题研究委员会(Presidential Commission for the Study of Bioethical Issues, PCSBI),就生命伦理提供专家咨询意见。本章就上述机构等发布的生物技术安全相关研究报告进行介绍。

第一节 提高人员可靠性和加强责任文化培养的指导意见

2011 年 9 月,NSABB 应美国政府要求发布了《提高人员可靠性和加强责任文化培养的指导意见》(Guidance for Enhancing Personnel Reliability and Strengthening the Culture of Responsibility)报告,旨在协助科学界建立和实施促进生物安保责任文化的做法。

一、报告概述

作为 NSABB 2009 年 5 月发布的《提高接触危险生物剂人员可靠性》(Enhancing Personnel Reliability among Individuals with Access to Select Agents)报告[1]的后续行动,NSABB 应美国政府要求于 2011 年发布了《提高人员可靠性和加强责任文化培养的指导意见》。

报告中,NSABB 建议采取一些做法来提高人员可靠性和建立责任文化。认为良好的管理是发展责任、诚信、信任和有效生物安保文化的基础。此外,机构和实验室层面的正确领导、明确的方向和期望,以及提供与员工教育、培训和评估相关的机构框架，将提高人员的可靠性，促进生物安全与生物安保。其中，负责任的招聘流程和员工管理包括以下几个方面：

（1）审查待招募员工提供的推荐信，以及以往的评估报告。

（2）对待招募员工进行严格的生物安保审查，并检查员工是否存在犯罪记录。

（3）对所有实验室人员研究行为是否负责、是否遵守生物安保政策进行定期审查。

（4）明确阐述雇佣条件及对员工诚信和可靠性的预期要求，并在审查期间注意员工以往在生物安全和生物安保方面的可靠性或适用性。

二、NSABB 主要做法

为了响应美国政府加强人员责任文化的要求，NSABB 于 2010 年初成立了责任文化工作组（Culture of Responsibility Working Group，CRWG）。责任文化工作组被要求确定战略并制定具体指导意见，以提高接触危险病原体或毒素的个人的责任意识、制定有效增强人员可靠性的招聘流程，以及机构领导层强调安保和提升人员可靠性方式的推荐意见。

为收集相关建议，责任文化工作组分阶段让科学界及其他相关领域的专家和公众成员参与进来。

（1）在定期电话会议期间，责任文化工作组召集了与雇佣法律和人力资源相关的专家进行讨论，以便更深入地了解与雇佣和就业有关的问题。

（2）责任文化工作组召集了一个由机构生物安全委员会代表组成的小组，以便更好地了解机构生物安全委员会的审查过程。

（3）为了使科学界广泛参与，责任文化工作组于 2010 年 7 月 15 日举行了第一次圆桌会议，会议主题为"提高人员可靠性：加强责任文化培养"，讨论了促进责任文化的做法。

（4）责任文化工作组于 2010 年 9 月 2 日召开了第二次圆桌会议，主题为"提高人员可靠性和高等级生物安全实验室责任文化培养的做法"，讨论了在高等级生物安全实验室中实现和保持人员可靠性和责任文化的做法和挑战。

（5）为了获得全球视角，2010 年 11 月，NSABB 与中国科学院共同主办了题为"加强值得关注的两用性研究和生物安保方面的责任文化培养"的电视电话会议[2]，以及"生物和毒素武器公约相关的科学和技术趋势"国际研讨会[3]。

（6）NSABB于2011年1月举办了一次《关于增强人员可靠性和培养责任文化》的公众咨询会[4]，以便从科学界和公众中获得关于提高人员可靠性和加强危险生物剂研究设施管理的意见。

三、提高人员可靠性和加强责任文化培养的推荐建议

NSABB认识到，良好的管理方法包括使用与生物安保相关的知识对实验室人员进行评估，是发展责任、诚信和信任文化的基础。然而，有关生物安保和责任文化的良好管理做法并不是凭空产生的，而是由有效的机构和实验室管理实现的。

（一）良好的招聘和就业模式

良好的招聘和就业模式可以增强实验室和机构成员之间的责任及支持意识，为实验室诚信和可靠性提供重要基础。具体建议有：

（1）相关机构提供准确的雇员信息。

（2）雇主从待招募员工的原雇主那里寻求信息参考。

（3）雇主应熟悉待招募员工的技能和过去表现，而不是仅依靠其资质、技能的书面材料来决定是否录用该员工。

（4）在考虑涉及危险病原体或毒素研究的职位待招募员工时，雇主应了解员工先前与可靠性相关的工作表现。

（5）在认真考虑涉及接触危险病原体或毒素职位的待招募员工时，雇主应验证待招募员工的教育经历或学位、执照及以前从事的职位。例如，在验证证书或检查公共记录时，雇主应专门调查待招募员工在工作中是否存在不符合要求的历史行为，以及待招募员工的可靠性和生物安保相关方面是否存在问题。

（6）建议机构对进行危险病原体或毒素研究的待招募员工进行犯罪背景调查。犯罪背景调查的做法包含在联邦危险生物剂计划及安保风险评估（security risk assessment，SRA）①流程中。

（7）对危险病原体或毒素进行研究的机构有责任向即将上岗的人员讲解进行危险病原体或毒素研究所涉及的特定风险和责任，以确保每个人都完全了解这些风险和责任。

（8）进行生命科学研究的机构应为所有实验室人员实施记录在案的定期评估。

（9）在考虑涉及危险病原体或毒素研究职位的待招募员工时，实验室领导层应考虑向以前的雇主索要待招募员工评估的副本。同样，建议涉及危险病原体或毒素研究的机构应制定政策，允许与下一任雇主分享对现任雇员的评估。

（二）鼓励生物安保意识和促进负责任行为的建议

（1）机构领导层应传达机构对员工的要求，即所有个人，包括生命科学研究人员，特别是那些涉及危险病原体或毒素研究的个人，都应遵守相关法律法规和机构政策，报告与法律法规或政策不一致的研究活动，以及妥善处理涉密信息。

（2）机构领导者应认识到自身的责任，同时防止个人因报告生物安保问题引起的报复行为。

（3）建议涉及危险病原体或毒素研究的机构领导积极确定和招募能够为加强生物安保意识和责任文化提供支持的人员。

（4）对人员进行研究伦理教育和负责任的研究行为课程培训，包括生物安保问题和生命科学研究的两用性问题。

（5）任何教育计划中都应包括对行为准则的讨论，其中包括负责任的研究行为、涉及生物安保和两用性研究的行为准则。

---

① 安保风险评估是由联邦调查局刑事司法信息服务部（Criminal Justice Information Services Division）进行的电子记录检查，以确定希望拥有、使用或转让危险病原体或毒素的实体或个人符合要求。安保风险评估的结果将有助于疾病预防控制中心的危险病原体与毒素部门（Division of Select Agents and Toxins, DSAT）和动植物卫生检疫局的农业危险病原体与毒物部门（Division of Agricultural Select Agents and Toxins, DASAT）确定该实体或个人可能拥有、使用或转移的危险病原体或毒素（内容来源：https://www.selectagents.gov/compliance/faq/risk.htm）。

（6）涉及危险病原体或毒素研究的机构应实施计划或建立机制，以报告有关不遵守规定的行为。

（7）为涉及危险病原体或毒素研究的人员提供临时退出机制是所有从事危险病原体或毒素研究的机构建议实施的负责任做法。

（8）研究机构应采取措施，确保员工选择退出的决定不会造成污名化，并且为其选择退出而采取的任何行动都不是惩罚性的。

（9）建议所有涉及危险病原体或毒素研究的机构在研究开始之前，并在研究项目的整个生命周期内，对涉及危险病原体或毒素的所有实验室方案进行彻底的风险评估。

四、提高人员可靠性和加强责任文化培养的有效做法

根据 NSABB 的人员可靠性调查，使用视频监控（video monitoring）和双人规则（two-person rule）被认为在提高人员可靠性和加强责任文化方面可发挥作用。

（一）视频监控

视频监控具有提高生物安全和生物安保两方面作用。在生物安全方面，监控摄像机和录像记录已被用于生物安全培训目的，且是查明生物安全事故原因的有效方法之一。采用监控摄像机对实验室进行视频监控，作为提高实验室的安保措施，可以记录实验室人员接触特定材料与设备的时间。

视频记录必须满足某些要求，如未经编辑的存储 3 年等。监控摄像机的使用要求应基于机构的风险评估，不是联邦法规强制要求的。

（二）双人规则

实验室管理要求在工作时需有两个人同时出现在实验室（"双人规则"），这在一些高等级生物安全实验室中被用作加强生物安全和生物安保的一种手段。但对于人数较少的小型实验室，实施双人规则的成本较高，可以利用视频监控以满足"第二双眼睛"的要求。此外，因为双人规则主要用于构成较高风险的情况，这同样增加了实验室人员面临的安全风险，所以该规则一般并不强制要求。

资料来源

[1] National Science Advisory Board for Biosecurity. Guidance for enhancing personnel reliability and strengthening the culture of responsibility[EB/OL].[2023-01-01]. https://www.biosecurityboard.gov.

参考文献

[1] NSABB. Enhancing personnel reliability among individuals with access to select agents[EB/OL].[2023-03-05]. https://osp.od.nih.gov/wp-content/uploads/NSABB_Draft_Report_on_Enhancing_Personnel_Reliability_Apr_2009.pdf.

[2] NSABB. Strengthening the culture of responsibility with respect to dual use research and biosecurity[EB/OL].[2023-03-05]. https://www.nih.gov/news-events/videos/strengthening-culture-responsibility-respect-dual-use-research-biosecurity.

[3] Institute of Biophysics Chinese Academy of Sciences. Chinese Academy of Sciences, international workshop on trends in science and technology relevant to BWC[EB/OL]. [2023-03-05]. https://english.ibp.cas.cn/news_center/ver2019_Events/202005/t20200511_236522.html.

[4] NIH. Public consultation on personnel reliability and culture of responsible issues[EB/OL]. [2023-03-05]. https://www.federalregister.gov/documents/2010/12/10/2010-31056/public-consultation-on-personnel-reliability-and-culture-of-responsibility-issues.

第二节　评估和监管功能获得性研究的推荐建议

流感病毒功能获得性（gain-of-function，GOF）研究是生物技术两用性研究的典型事例，为了评估病原体功能获得性研究的潜在生物安全风险，为美国政府提供指导意见，2016年5月，NSABB发布了《评估和监管功能获得性研究的推荐建议》（Recommendations for the Evaluation and Oversight of Proposed Gain-of-Function Research）。

一、报告概述

(一) 功能获得性研究

功能获得性研究及功能缺失性研究在分子微生物学中很常见，对于理解感染性疾病的分子机制至关重要。生物体基因组的变化，无论是自然发生的还是通过实验室的实验操作发生的，都可能因生物功能的丧失或获得导致表型改变。研究人员进行功能缺失和获得实验，以了解宿主与病原体复杂的相互作用，从而了解传播、感染和发病的机制。

"功能获得"通常指获得新的或增强现有的生物表型变化。该报告对"值得关注的功能获得性研究（gain-of-function research of concern，GOFROC）"进行了进一步界定，即可能产生高传播性和高毒力，在人类中具有大流行潜力的病原体。

(二) 美国评估与审议行动

高致病性H5N1禽流感病毒功能获得性研究可实现病毒通过呼吸道飞沫在哺乳动物之间传播，科学界对此产生了广泛的争议[1-2]。2012年，科学界开始自愿中止某些涉及高致病性H5N1禽流感病毒的功能获得性研究。美国疾病预防控制中心（Centers for Disease Control and Prevention，CDC）和NIH发布了新的生物安全指南，用于处理高致病性禽流感毒株[3-4]。美国卫生与公众服务部制定了一个框架，用于指导涉及产生在哺乳动物之间通过呼吸道飞沫传播的H5N1或H7N9禽流感病毒的功能获得性研究的资助决策[5-6]。

在美国发生一系列生物安全事件后①，美国对实验室安全和生物安保的担忧加剧。2014年10月17日，美国政府启动了一项为期1年的审议过程，以解决围绕所谓的"功能获得性"研究的持续争议，明确与功能获得性研究风险与收益有关的关键问题，并为未来的资助决策提供支持。审议不仅包括流感病毒，还包括对导致严重急性呼吸综合征（severe acute respiratory syndrome，SARS）和中东呼

---

① 2014年6月，由于疾病预防控制中心没有严格遵守要求，其工作人员无意接触了未灭活炭疽杆菌，造成86人具有潜在感染风险。2015年5月27日，美国国防部（Department of Defense，DOD）发表声明，美军杜格威基地误送未灭活的炭疽菌到韩国乌山空军基地[7]。

吸综合征（Middle East respiratory syndrome，MERS）冠状病毒（corona virus，CoV）开展的实验。审议过程的核心是对某些功能获得性研究的潜在风险与收益进行评估，其评估结果将有助于发展和采用新的美国政策对功能获得性研究的资助和实施进行管理。

NSABB 和美国国家科学院（National Academy of Seiences，NAS）均参与该项审议过程，其中，NSABB 作为官方联邦咨询机构向美国政府提出建议，美国国家科学院组织召开了两次国际研讨会①，对功能获得性研究的风险与收益评估方案和 NSABB 建议草案展开讨论。

为了支持 NSABB 的审议过程，NIH 委托进行了以下两项研究：①由 Gryphon 科技有限公司进行功能获得性研究风险与收益的定性与定量分析评估；②由澳大利亚莫纳什大学（Monash University）的 Michael J. Selgelid 博士②进行与功能获得性研究问题有关的伦理学研究[8]。同时，美国国立卫生研究院科学政策办公室负责整个审议过程的协调。

二、NSABB 审议办法及指导原则

审议过程中 NSABB 的任务是：①负责就功能获得性研究关于风险与收益评估的设计与实施提供建议；②就评估拟议的功能获得性研究的监管向美国政府提出建议。

NSABB 在提出建议时参考了 Gryphon 科技有限公司风险与收益评估结果、美国国家科学院组织的研讨会、Michael J.Selgelid 博士进行的与功能获得性研究有关的伦理学研究等。"功能获得性"研究涵盖了大量病原体和实验操作，NSABB 的审议和建议重点侧重于会对人群构成严重风险的病原体。为了明确其任务，NSABB

---

① 第一次研讨会于 2014 年 12 月举行，对具有大流行性潜力病原体的功能获得性研究风险与收益有关的科学与技术问题进行讨论。会议讨论指导风险与收益评估分析的一般原则，也包括应考虑的具体问题。研讨会关注与功能获得性研究相关的潜在风险和收益、评估风险–收益的方法、风险–收益分析的局限性，以及资助和实施功能获得性研究的伦理学问题。2016 年 3 月，美国国家科学院、工程院和医学院举行了第二次会议，重点讨论了 NSABB 关于功能获得性研究的推荐意见草案[9]。
② Michael J. Selgelid 博士在澳大利亚墨尔本市莫纳什大学的人类生物伦理中心担任主任，其研究主要关注公共卫生伦理问题，尤其是与传染病相关的伦理问题[7]。

成立了两个工作小组来起草建议草案，委员会对草案展开讨论。

1. 关于风险与收益评估的建议

第一个 NSABB 工作小组的任务是为风险与收益评估方案的设计与实施提供建议。该小组包括 13 名成员，召开了多次电话会议，并举行了为期一天的面对面会议。工作组制定了《对功能获得性研究进行风险与收益评估的框架》（Framework for Conducting Risk and Benefit Assessments of Gain-of-Function Research）草案，并根据 NSABB 成员的意见进一步修改。2015 年 5 月 5 日，全体 NSABB 成员通过了该框架，NSABB 框架旨在帮助开展风险与收益评估。

2. 功能获得性研究的监管建议

第二个 NSABB 工作小组的任务是提供功能获得性研究的政策建议。该小组包括 18 名成员，召开了多次电话会议，并举行了两次面对面会议。工作组的主要任务除了起草建议草案，还为风险与收益评估方案的实施提供意见。2016 年 5 月 24 日，NSABB 通过《评估和监管功能获得性研究的推荐建议》[5]。

三、风险与收益评估指导框架

（一）病原体和病原体特征

1. 推荐纳入风险与收益评估的病原体

（1）流感病毒。由于流感毒株之间存在显著差异，NSABB 建议分析 3 种不同的毒株，包括：①季节性流感病毒（如目前流行的或既往流行的 H1N1、H3N2 和乙型流感毒株）；②高致病性 H5N1 禽流感病毒；③低致病性 H7N9 禽流感病毒。

（2）严重急性呼吸系统综合征冠状病毒（SARS-CoV）。

（3）中东呼吸综合征冠状病毒（MERS-CoV）。

2. 建议在风险与收益评估中考虑的病原体特征

风险与收益评估应包括与功能获得性研究实验相关的风险与收益的分析，这些研究预计将增加病原体的大流行潜力。为此，应考虑在进行功能获得性研究期间可能赋予病原体的以下特征：

（1）由于复制周期或生长的变化，病原体的产量增加。

（2）在动物模型中的发病率和死亡率升高。

（3）在哺乳动物中的传播性增强。

（4）逃避现有的自然或诱导免疫。

（5）具有对药物的抵抗力或可以逃避其他医学应对措施，如疫苗、治疗、诊断等。

（二）风险类别

为了进行风险评估，使其最终满足 NSABB 的需求，必须在一开始就确定可能的风险范围。

1. 生物安全风险

生物安全风险通常与实验室事故有关。这些风险的评估应包括接触病原体的程度、初始感染、导致继发感染的传播及在人类或动物中的暴发。风险评估应分析对实验室工作人员和公众带来的风险。

2. 生物安保风险

生物安保风险是指功能获得性研究产生的与犯罪和恐怖主义相关的风险，如病原体的物理安全、与运输病原体相关的风险，以及由"内部人员"或实验室员工非法行为产生的风险。生物安保风险包括实验室人员造成的物理破坏、盗窃、丢失或故意释放、恶意行为和恐怖主义。风险评估应包括考虑试图滥用生命科学研究信息和材料的人员类型及其实施能力。

3. 扩散风险

风险评估应考虑某些功能获得性研究可能会导致更多的类似研究，并会随之造成风险增加（如生物安全风险、生物安保风险及其他风险等）。

4. 信息风险

信息风险是指与功能获得性研究所生成的与信息有关的风险，如果其被公开，可能会使世界各地均可重复此类研究，或者生成的病原体被用于恶意行为或对国家安全造成威胁。

5. 农业风险

农业风险主要指对畜牧业造成的风险，如生成一种实验室改构的病原体，若其被有意或无意地释放到一些动物种群中。

6. 经济风险

经济风险是指与功能获得性研究所生成病原体的释放有关的经济影响，包括生产力损失、农业损失等。

7. 公众信心缺失

如果发生涉及被修饰病原体的实验室事故，可能会导致科研人员对科学研究失去信心。

（三）收益类别

1. 科学知识收益

这些收益包括了解所研究的病原体与疾病。收益评估应考虑尽可能量化这些收益。风险评估还应分析功能获得性研究是否能够产生独特的、其他研究方法无法获得的科学信息。

2. 生物监测收益

（1）公共卫生监测：通过检测和监测自然界中的病原体，确保更好地识别或预测暴发并指导决策。

（2）农业和家畜监测：通过检测和监测食品生产、家畜或其他动物中出现的病原体，以确保更好地识别或预测动物疾病暴发和支持决策。

（3）野生动物监测：功能获得性研究通过监测野生动物中出现的病原体，更好地识别或预测此类动物疾病的暴发和支持决策。

3. 医学应对措施

特别是对于以下3种收益，收益评估应检查功能获得性研究与其他方法相比的相对收益。

（1）治疗：研究如何帮助发现和开发新的或更有效的疗法。

（2）疫苗：研究如何帮助开发和选择新的或更有效的疫苗。

（3）诊断：研究如何帮助开发新的或更好的诊断方法和产品。

4. 为决策提供信息

功能获得性研究所获得的信息可提供给公共卫生部门用以支持决策，如支持医学应对措施储备策略、指导疫苗研发的病毒株选择。

5. 经济收益

可能的经济收益包括与功能获得性研究结果有关的成本节约,如疫苗或治疗措施导致医疗成本下降,或者对经济的其他积极影响。

四、政策分析

在制定关于评估功能获得性研究提案的建议时,NSABB 审查了 3 个主要领域:①监管涉及病原体研究的当前政策环境;②与资助和开展功能获得性研究相关的伦理问题;③功能获得性研究的风险与收益评估结果。

许多美国政府部门资助生命科学研究。一般而言,美国政府支持的研究建立在研究的科学价值和资助部门的目标之上。多个互补的监管层共同作用,以管理与联邦政府资助的生命科学研究相关的实验室和其他风险。这些政策包括职业健康、实验室生物安全及生物安保(表 2-1)。

表 2-1　美国生物安全和生物安保风险监管政策摘要

监管措施	风险	监管说明	分析对功能获得性研究的适用性
《微生物和生物医学实验室生物安全》(第 5 版)(Biosafety in Microbiological and Biomedical Laboratories, BMBL)(2009 年 9 月)	生物安全风险	适用于:涉及传染性微生物或有害生物材料的生命科学研究。 内容:涉及微生物和病原体各种分类的一般生物安全实践和生物防护原则	BMBL 没有描述功能获得性研究,但包括各种流感毒株、SARS-CoV 的生物防护指南。BMBL 是一份指导文件,是实验室生物安全的权威参考,但并非强制性监管文件
《NIH 涉及重组或合成核酸分子的研究指南》(NIH Guidelines for Research Involving Recombinant or Synthetic Nucleic Acid Molecules)(2013 年 11 月)	生物安全风险	适用于:涉及重组或合成核酸分子的生命科学研究,以及接受 NIH 资助的任何此类研究。 内容:介绍机构在安全开展研究中的作用和责任。 负责机构:NIH 重组 DNA 咨询委员会	该指南被科学界用作生物安全指导的依据,但只有从 NIH 获得此类资金的机构才需要遵守。范围也仅限于涉及重组或合成核酸的研究。

续表

监管措施	风险	监管说明	分析对功能获得性研究的适用性
联邦危险生物剂计划(The Federal Select Agent Program)（2014年7月）	生物安全和生物安保风险	适用于：可能对公众健康和安全构成严重威胁的病原体或毒素。 内容：规范危险病原体或毒素的拥有、使用和转移。 负责机构：危险病原体或毒素咨询委员会	被视为功能获得性研究的研究，如涉及危险生物剂列表中的病原体，受联邦危险生物剂计划监管。 SARS-CoV、H5N1高致病性禽流感（HPAI）病毒和1918流感病毒是危险生物剂，涉及这些病原体的功能获得性研究受到联邦危险生物剂计划的监管。 涉及中东呼吸综合征和其他未列入危险生物剂列表中的生物剂的功能获得性研究不受联邦危险生物剂计划的监管
《美国政府生命科学两用性研究监管政策》(USG Policy for Federal Oversight of DURC)（2012年3月）	生物安保风险，特别是涉及滥用研究信息、产品和技术	适用于：接受美国政府资助的机构进行的生命科学研究涉及15种病原体或毒素中的一种或多种，且这些病原体或毒素具有滥用风险，有可能造成大规模伤亡或破坏性影响	两用性研究监管政策仅适用于涉及15种病原体或毒素的研究。某些涉及其他生物剂的功能获得性研究不受两用性研究监管政策要求的监管
《美国政府生命科学两用性研究机构监管政策》(USG Policy for Institutional Oversight of DURC)（2014年9月）	生物安保风险，特别是涉及滥用研究信息、产品和技术	同《美国政府生命科学两用性研究监管政策》	同《美国政府生命科学两用性研究监管政策》
《美国卫生与公众服务部功能获得性研究资助框架》(HHS Funding Framework for GOF studies)（2013年8月）	与某些涉及具有大流行潜力的生物剂的功能获得性研究相关的生物安全和生物安保风险	适用于：合理预期会产生通过呼吸道飞沫在哺乳动物之间传播的H5N1高致病性禽流感（HPAI）病毒的功能获得性研究。 内容：描述某些功能获得性研究部级审查和批准流程	专门针对功能获得性研究的资助政策。仅侧重于对禽流感病毒的具体功能获得性研究；其他功能获得性研究不在此框架下

续表

监管措施	风险	监管说明	分析对功能获得性研究的适用性
《美国政府出口管制条例》(USG Export Control Regulations, ECR)		适用于：出口或发布设备、软件和技术、化学品、微生物、毒素及其他被认为具有两用性风险或对美国国家安全、经济或外交政策具有战略重要性的材料和信息	为一整套联邦法规，控制和限制敏感设备、软件、技术及材料、信息的出口和发布

五、NSABB 调查结果

（1）并非所有功能获得性研究都具有相同的风险水平。只有一小部分值得关注的功能获得性研究具有潜在的较大风险，需要额外的监管。

与所有涉及病原体的生命科学研究一样，功能获得性研究也存在生物安全和生物安保风险。涉及具有大流行潜力病原体的功能获得性研究存在的风险最大，与这些病原体有关的实验室事故可能会释放该病原体，使其在人群中迅速传播。同时，这些实验室病原体如果被恶意使用，对国家安全或公共卫生造成的威胁会比野生型病原体更严重。虽然其发生的可能性很小，但并非不存在。其潜在后果虽无法确定，但可能会非常严重。

根据相关风险引起关注的程度，功能获得性研究可分成两类：功能获得性研究和值得关注的功能获得性研究。功能获得性研究包括通过实验操作提高病原体某些特征的所有研究，绝大多数功能获得性研究并没有引起明显关注，这些研究不涉及新风险或重大风险，并且有监管来控制风险。值得关注的功能获得性研究指的是一小部分会产生具有大流行性潜力病原体的功能获得性研究，该病原体具有高毒力和高传染性。

（2）美国政府制定相关政策来识别和管理与生命科学研究相关的风险。如果政策得到有效实施可在一定程度上对值得关注的功能获得性研究的风险进行有效管控。

美国卫生与公众服务部要求研究者需按照《NIH 重组 DNA 研究指南》《微生

物和生物医学实验室生物安全》《美国政府生命科学两用性研究监管政策》《美国政府生命科学两用性研究机构监管政策》《危险生物剂条例》《出口管制条例》及其他相关政策要求，进行联邦资助的生命科学研究。同时，美国卫生与公众服务部制定框架来指导是否对某些涉及H5N1和H7N9流感病毒的功能获得性研究进行资助。总体来说，上述这些政策旨在降低生物安全风险及与生命科学研究相关的其他风险。

在研究实施过程中，可以在整个研究周期的几个阶段进行监管，如研究提案审查、资助决定、研究实施等。除此之外，许多实体也负责监管、风险管理或发布指南，如资金资助部门、联邦咨询委员会、机构审查部门、期刊编辑等。

（3）监管政策无法涵盖所有值得关注的功能获得性研究，目前的监管不足以用于所有值得关注的功能获得性研究。

当前的政策适用于部分而非全部值得关注的功能获得性研究。不涉及危险生物剂的功能获得性研究往往仅通过研究机构层面的监管，如《NIH重组DNA研究指南》和《微生物和生物医学实验室生物安全》。另外，没有使用美国政府基金的值得关注的功能获得性研究也不受联邦资助机构的监管。其他国家也可以资助和开展包括功能获得性研究在内的生命科学研究，这也超出了美国政府的监管范围。

除此之外，各种监管政策也互不相同。不同的政策旨在管理不同的风险，不同的联邦部门执行的政策不同。由于各政策之间没有进行足够协调，监管工作出现重复和空白。

（4）理想的监管政策应确保监管和风险消减措施与研究相关的风险保持相称，并确保充分实现研究收益。

《微生物和生物医学实验室生物安全》《NIH重组DNA研究指南》《危险生物剂条例》定期更新或修订。但目前《美国政府生命科学两用性研究监管政策》《美国政府生命科学两用性研究机构监管政策》《HHS功能获得性研究资助决策框架》都没有明确的更新机制。

（5）如果功能获得性研究的潜在风险大于潜在收益，不应该进行此类研究。

在对研究建议进行审查时应重点关注研究的科学价值，但其他因素，如法律、伦理、公共卫生及社会价值等也需要考虑。因伦理原因不能开展的研究示例如下：研究涉及人类受试者但没有提供知情同意书；研究预计会对人类受试者造成严重伤害等。研究的伦理学评估需要对其风险与收益进行评估，全面了解该项研究的科学细节，如研究目的和任何可预见的不良后果等。

（6）与所有生命科学研究一样，与值得关注的功能获得性研究相关的风险需要联邦和机构的监管。

通过工程控制、实验室操作、医疗监测、培训和其他干预手段，对与生命科学研究相关的生物安全和生物安保风险进行管理。然而，值得关注的功能获得性研究有可能产生具有重大风险的病原体，需要对其采取额外的监管措施。管理与值得关注的功能获得性研究有关的风险需要联邦和研究机构两个层面的监管，包括严格的培训等。

（7）资助和开展值得关注的功能获得性研究包括许多国际性问题。

与值得关注的功能获得性研究有关的潜在风险与收益在本质上具有国际性，实验室事故和故意滥用可能会造成全球性后果。虽然关于值得关注的功能获得性研究的美国政府资助政策只会直接影响美国政府资助的国内研究和国际研究，但美国在这方面所做的决定会影响值得关注的功能获得性研究在全球范围内的监管政策。

六、NSABB 建议

建议1：涉及功能获得性研究的拟议研究方案在决定是否接受资助前应接受额外的严格审查。如果得到资金支持，这些项目应该受到联邦和研究机构层面的持续监管。

值得关注的功能获得性研究可以生成具有大流行性潜力的病原体，可能是新病原体。尽管大流行风险概率可能很低，但在开展此类研究之前必须建立新的、资助前审批机制。

1. 确定值得关注的功能获得性研究

为确定该研究项目是不是值得关注的功能获得性研究，必须预期其能够产生具有以下两种属性的病原体。

（1）所生成的病原体可能具有高传染性，并且在人群中的传播具有广泛性和不可控性。

（2）产生的病原体可能具有高毒力，并可能导致人群较高的发病率和死亡率。

2.值得关注的功能获得性研究的资助前审批

在进行资助之前，应对涉及值得关注的功能获得性研究的研究提案进行额外审查，且联邦政府在整个研究过程中应对其进行监管。

（1）评审和资助的原则

只有完全符合以下原则的研究项目才可以接受资助。

①同行已对研究提案进行审查，确定其具有科学价值，且对所涉及研究领域具有重要影响。

②必须对预期所生成的病原体根据科学证据判断其是否可以天然产生。

③对与研究项目有关的整体潜在风险与收益进行评估，确定其潜在风险是否合理。

④缺乏具有相同效果且风险更低的可行性替代方法来解决同样的科学问题。

⑤预计研究结果将根据适用的法律法规得到广泛分享，以实现其对全球健康的潜在益处。

⑥若研究将通过资助机制得到支持，则应在整个项目过程中对研究进行持续的监管。

⑦拟提供支持的研究具有伦理合理性。

（2）涉及功能获得性研究申请的审查过程

NSABB 提出下列方法来指导是否决定资助值得关注的功能获得性研究。对可能涉及值得关注的功能获得性研究的研究项目进行审查，共包括下列 5 个步骤：

①研究人员和研究机构根据所述值得关注的功能获得性研究的两种特性确认研究是否属于值得关注的功能获得性研究。

②资助部门确认值得关注的功能获得性研究。

③部级专家小组审查涉及值得关注的功能获得性研究的研究提案，以确定其是否符合资助原则，并对是否可以资助研究项目提出建议。

④资助部门做出资助决定，若研究提案获得资助，则建立风险消减计划，并确保持续监管。

⑤研究人员和研究机构按照适用的联邦、州和当地监管政策的要求开展研究，并采取必要的风险消减策略。联邦机构提供监管，以确保研究遵守既定的风险消减计划和资助条件。

研究人员和研究机构确认值得关注的功能获得性研究（第1步）：在提交资助申请之前，研究人员和研究机构应确定可能的值得关注的功能获得性研究并提交研究计划的相关信息，如生物安全与生物安保计划、在发生事故或盗窃时与公共卫生部门和安全官员进行协调的计划、可用设施的介绍、对值得关注的功能获得性研究的替代方法的考虑等。

资助部门和部级审查值得关注的功能获得性研究（第2步和第3步）：在资助部门完成科学价值评估后，资助部门确认该研究提案是否属于值得关注的功能获得性研究（第2步）。在决定资助之前，与值得关注的功能获得性研究有关的研究提案将需要部级额外审查（第3步）。若该研究提案与值得关注的功能获得性研究无关，则将按正常途径继续进行进一步的评估和资助决定。

资助决定和风险消减（第4步）：在部级评估的整个过程中，应严格评估相关的风险管理计划，并建议采取必要的风险消减措施，以确保值得关注的功能获得性研究能接受资助。

持续监管（第5步）：在整个资助期间，联邦部门和研究机构的监管都是至关重要的。

建议2：决策咨询机构应透明化，公众参与应作为美国政府对值得关注的功能获得性研究的监管政策的一部分。

咨询机构，如根据《联邦咨询委员会法案》（Federal Advisory Committee Act）管理的委员会应对美国政府值得关注的功能获得性研究的审查、资助和实施等政策进行独立审查。另外，该机制还将确保透明度、促进公众参与和促进关于值得关注的功能获得性研究的持续对话。

建议3：美国政府应采取适时性政策，以确保其监管与功能获得性研究相关风险适用。

值得关注的功能获得性研究的风险与收益情况会随着时间的推移发生改变，

应定期对其重新评估,以确保与此类研究相关的风险得到充分管理,并使其收益得以实现。

(1)美国政府应建立一个系统收集和分析有关实验室安全事故及消除风险的有效措施的机制。分析这些数据将有助于更好地了解风险、为风险评估提供信息,并允许随着时间的推移对监管政策进行细化。

(2)美国政府应建立系统收集和分析有关研究机构审查委员会(Institutional Review Board,IRB)的挑战、决定和经验教训的机制。分析这些数据将有助于更好地了解政策执行的有效性和一致性,并支持机构审查委员会决策。

建议4:在可能的情况下,美国政府应将值得关注的功能获得性研究的监管机制纳入现有政策框架中。

对值得关注的功能获得性研究的监管应建立在现有机制上,而不是让美国政府制定出一个关于值得关注的功能获得性研究的新的政策。适应或协调当前的政策要比开发全新的监管框架或全新方法来管理与这些研究相关的风险更可取。

建议5:美国政府应考虑一些方法,确保无论研究资金来源如何,在美国国内或美国研究机构所开展的所有值得关注的功能获得性研究都会受到监管。

由美国政府资助或私人资助并在美国国内开展的值得关注的功能获得性研究都应接受同等监管,以确保与之相关的风险得到充分管理。美国政府应考虑新的监管策略,不仅仅通过资助渠道,还可通过其他机制,以监管所有相关的研究行为。

建议6:美国政府应加强实验室生物安全和生物安保,并提高人们对有关值得关注的功能获得性研究的认识。

目前,国内外关于值得关注的功能获得性研究的讨论主要围绕实验室安全与安保问题。有必要通过联邦政策,采取"自上而下"的方法管理与值得关注的功能获得性研究有关的风险。然而,仅有"自上而下"的方法可能远远不够。同样重要的是,要有足够的训练有素的人员,以及为开展值得关注的功能获得性研究提供安全可靠的实验室环境。因此,采取"自下而上"的方法也很重要,即对科学研究的负责人,以及参与设计和实施值得关注的功能获得性研究的研究工作人员,进行有关生物安全、生物安保及其研究行为责任的教育。

建议 7：美国政府应与国际社会就有关值得关注的功能获得性研究的监管进行交流。

生命科学研究是一项全球性工作。随着越来越多的研究人员开始涉及病原体的研究，相关的潜在风险可能具有国际影响。美国政府应继续就两用性研究与国际社会保持接触，促进全球责任文化。

资料来源①

[1] NSABB. Recommendations for the evaluation and oversight of proposed gain-of-function research[EB/OL].[2023-06-10]. https://osp.od.nih.gov/sites/defaul/files/resources/NSABB_Final_Report_Recommendations_Evaluation_Oversight_Proposed_Cain_of_Function_Research.pdf.

参考文献

[1] IMAI M, WATANABE T, HATTA M, et al. Experimental adaptation of an influenza H5 HA confers respiratory droplet transmission to a reassortant H5 HA/H1N1 virus in ferrets[J]. Nature, 2012, 486（7403）：420-428.

[2] HERFST S, SCHRAUWEN E J, LINSTER M, et al. Airborne transmission of influenza A/H5N1 virus between ferrets[J]. Science, 2012, 336（6088）：1534-1541.

[3] Centers for Disease Control and Prevention, GANGADHARAN D, SMITH J, et al. Biosafety recommendations for work with influenza viruses containing a hemagglutinin from the A/goose/Guangdong/1/96 lineage[J]. MMWR recomm rep., 2013, 62（RR-06）：1-7.

[4] National Institutes of Health. NIH guidelines for research involving recombinant or synthetic nucleic acid molecules[EB/OL].[2023-01-01]. https://osp.od.nih.gov/wp-content/uploads/NIH_Guidelines.pdf.

[5] NSABB. Recommendations for the evaluation and oversight of proposed gain-of-function research [EB/OL].[2023-06-10]. https://osp.od.nih.gov/sites/defaul/files/resources/NSABB_Final_Report_Recommendations_Evaluation_Oversight_Proposed_

---

① 该节内容同时参考了：《生物技术安全》（田德桥，科学技术文献出版社 2021 年出版），《流感病毒功能获得性研究》（田德桥等，科学技术文献出版社 2018 年出版）。

Cain_of_Function_Research.pdf.

[6] JAFFE H, PATTERSON A P, LURIE N. Extra oversight for H7N9 experiments[J]. Science, 2013, 341（6147）: 713-714.

[7] 田德桥. 生物技术安全[M]. 北京: 科学技术文献出版社, 2021: 29.

[8] SELGELID M J. Gain-of-function research: ethical analysis[J]. Sci. eng. ethics., 2016, 22（4）: 923-964.

[9] 田德桥, 王华, 曹诚. 流感病毒功能获得性研究风险评估[M]. 北京: 科学出版社, 2018: 82, 86.

推荐阅读

[1] EVANS N G, LIPSITCH M, LEVINSON M. The ethics of biosafety considerations in gain-of-function research resulting in the creation of potential pandemic pathogens[J]. J. Med. Ethics., 2015, 41（11）: 901-908.

[2] KILIANSKI A, NUZZO J B, MODJARRAD K. Gain-of-function research and the relevance to clinical Practice[J]. J Infect Dis, 2016, 213（9）: 1364-1369.

[3] SAALBACH K P. Gain-of-function research[J]. Adv Appl Microbiol, 2022, 120: 79-111.

第三节　新方向：合成生物学与新兴技术伦理

2010年12月，美国总统生物伦理问题研究委员会（Presidential Commission for the Study of Bioethical Issues, PCSBI）[①] 发布了《新方向：合成生物学与新兴技术伦理》(New Directions: the Ethics of Synthetic Biology and Emerging Technologies) 报告，对新兴的合成生物学领域进行审查，并确定伦理边界，使公众利益最大化，降低风险。

---

① PCSBI（访问链接：http://www.bioethics.gov）是一个由美国医学、科学、伦理学、宗教、法律和工程领域人员组成的顾问小组。PCSBI就生物医学和相关科学技术领域的进步引起的生物伦理问题向总统提供建议[1]。

美国生物技术安全治理——法规报告选编

一、合成生物学

（一）从分子生物学到合成生物学

1953年4月25日，詹姆斯·沃森（James D. Watson）和弗朗西斯·克里克（Francis Crick）等在 Nature 发布了题为《核酸的分子结构：脱氧核糖核酸的结构》（Molecular Structure of Nucleic Acides: A Structure for Deoxyribose Nucleic Acid）的文章，为分子生物学的发展奠定了基础[2]。

合成生物学①深深扎根于分子生物学，今天所谓的合成生物学的最早成就可以追溯到20世纪70年代基因工程的诞生。基因工程，也称为重组DNA研究，是利用工具在生物体内和跨生物体内切割、移动和重组DNA片段，有意操纵生物的遗传物质[2]。

1972年，斯坦福大学（Stanford University）的生物化学家保罗·伯格（Paul Berg）通过将菌体的DNA剪接到猴病毒SV40中创建了第一个重组DNA分子。到20世纪70年代末，科学家创造了第一个基因工程商业产品，使用重组DNA技术生产的人类胰岛素对人类健康具有巨大的收益，它改变了糖尿病的治疗方法。

20世纪80年代初，研究人员开发了另一种革命性的技术——聚合酶链式反应（polymerase chain reaction，PCR）。PCR就像分子复制机一样，使科学家能够放大单个DNA片段并更轻松地对其进行操作。

到20世纪90年代初，自动DNA测序大大加快了确定基因序列的过程，通过大规模基因组测序工作，科学家们能够鉴定出许多天然生物的完整遗传密码，包括细菌、病毒及高等生物，如小鼠和人类。

---

① 合成生物学是一门建立在系统生物学（Systems Biology）、生物信息学等学科基础之上，并以基因组技术为核心的现代生物科学。该领域包括用新技术从化学物质中合成长的DNA片段，以及改进遗传操作方法和遗传途径的设计，以实现更精确地控制生物系统。1974年，波兰学者Waclaw Szybalski提出"合成生物学"的概念："设计新的调控元素，并将这些新的模块加入已存在的基因组内，或者从头创建一个新的基因组，最终将会出现合成的有机生命体。"当前对合成生物学定义为：在系统生物学研究的基础上，引入工程学的模块化概念和系统设计理论，以人工合成DNA为基础，设计创建元件、器件或模块，以及通过这些元器件改造和优化现有自然生物体系，或者从头合成具有预定功能的全新人工生物体系[2]。

早期分子生物学为合成生物学提供了基础，科学家们发展出了更准确、更快速地合成越来越长的 DNA 片段的能力。DNA 合成的成本在过去 10 年中急剧下降，从每碱基对约 30 美元降至低于 1 美元。

（二）合成生物学的应用、优势与风险

1. 合成生物学的可再生能源应用

生物燃料是源自生物质的可再生能源，其中包括源自植物、动物和有机废物的材料。可以使用几种方法从生物质中收集能量，包括燃烧、化学处理或利用微生物的代谢能力进行生物降解。与简单的燃烧相比，通过更复杂的化学和生化反应将生物质加工成生物燃料或电能，可减少废物的产生及温室气体净排放量。

（1）生物醇。

与玉米或甘蔗提炼的乙醇不同，纤维素乙醇是由纤维素纤维制成的，而纤维素纤维是所有植物细胞壁的主要成分。加工非食用性植物生产物质，如废弃的玉米秸秆和木片等，可以减少依靠玉米生产乙醇所带来的经济压力。但是，纤维素乙醇是一种产量相对较低的生物醇。丁醇是一种由合成生物学制备并用于能源生产的更有前景的生物醇。与乙醇一样，丁醇通过糖和淀粉的发酵或纤维素的分解而产生，并通过粗产物精炼制成可用的燃料。一些细菌具有制造丁醇的内置酶，但合成效率不高。合成生物学家通过改造大肠杆菌，提高了这种细菌的生化反应效率，从而使丁醇更具工业实用性[3]。

（2）光合藻类。

光合藻类是通过合成生物学产生的另一种生物燃料。藻类是低投入、高产量的原料，在实验条件下，同样的面积，藻类产生的能源要比玉米或大豆等陆地作物产生的能源多得多。目前，科学家们正在通过合成生物学制造藻类细胞。

（3）氢燃料。

氢燃料是合成生物学商业应用的另一个重点领域。氢是一种非常理想的燃料来源，因为它可以清洁燃烧，副产品只产生水。正在研究的产生生物氢的方法之一是将工程大肠杆菌作为宿主生物产生氢气[4]。

（4）风险和潜在危害。

合成生物学提供了许多潜在的方法来改善能源生产和降低成本。对这些活动进行全面评估，需要对当前的局限性、挑战和预期的风险或危害给予关注。

能源领域的一种风险是对生态系统的损害。如果将大片土地专门用于生物燃料开发，可能给土地带来新的巨大压力，还可能影响粮食生产和当前的生态系统。由于合成生物学的这些应用还处于初期探索阶段，因此生物燃料生产对土地利用的影响仍然未知[5-6]。

2. 合成生物学的健康领域应用

合成生物学有机会以多种方式促进人类健康，提高药物和疫苗的产量。同时，个性化药物及用于预防和治疗的新型药物和设备等都是其预期的成就。

（1）药物。

在医学中利用合成生物学的一个众所周知的例子是对微生物的改造，使抗疟药青蒿素更便宜、更有效。青蒿素是一种天然存在的化学物质，是一种有效的疟疾治疗药物，但植物产量有限和生产成本高。为了解决这个问题，加利福尼亚大学的合成生物学家通过转基因大肠杆菌实现了大量生产青蒿素的前体[7]。

（2）疫苗。

合成生物学技术的发展可用于加速疫苗的开发。流感疫苗的生产是其重点关注的领域。要开发疫苗，需要先确定具有独特遗传密码的病毒株，以针对该病毒株研发疫苗。合成生物学工具，包括快速、廉价的DNA测序与计算机建模相结合，可以通过加快该步骤来缩短生产时间。一些行业组织正在开发用于流感疫苗的合成种子病毒库，希望实现更快的疫苗生产[8]。

（3）推进基础生物学和个性化医学。

研究人员发现，合成生物学具有极大的潜力来增进科研人员对生物学原理的认识[9]。一般而言，个性化医学旨在应用基因组学来开发个性化、更有效的疾病预防和治疗方法。合成生物学为推进这一目标提供了有用的策略。可以开发根据疾病来触发提供或停止治疗的触发器，并提供靶向杀死癌细胞的功能。

（4）风险和潜在危害。

合成生物学的生物医学应用会给人类和环境带来潜在风险。人为的风险可能来自使用合成生物学技术无意或故意释放生物剂的不利影响。使用合成生物学技术操纵传染病病原体后，病原体可能会传染给实验室工作人员，或者传染给其家庭成员。同样，利用合成生物学技术开发的新型生物可以治疗疾病，也可能会给患者带来意想不到的不良影响。

3. 合成生物学在农业、食品和环境中的应用

合成生物学可帮助降低对全球食品供应和环境健康的某些现有威胁，这些潜在的好处在某些方面比对能源和健康的期望还初步，但是这些领域的研究开发正在进行。

在农业领域，为达到特定目的而操纵农作物和繁殖动物的做法并不少见。重组 DNA 技术、克隆和其他生物技术的使用增强了这些实践。为了进一步开展这些活动，合成生物学家正在试验高产、抗病的植物。研究人员正在改变植物的特性以使其更具有营养价值。

合成生物学的环境应用通常以污染控制和生态保护为目标。美国 2010 年墨西哥湾漏油事件后，墨西哥湾沿岸地区展示了生物如何降低石油污染影响[10]。合成生物学在农业、粮食和环境中应用的风险引起了人们的广泛关注，与过去基因工程在安全性、资源管理和生物多样性方面的讨论有关。简而言之，这些风险包括对人类、植物或动物的危害，如难以控制的环境逃逸或释放，以及随之而来的生态系统破坏；新的动植物害虫难以控制、杀虫剂抗性增加；入侵物种的生长等。

合成生物学的潜在应用远远超出了当今整个生物技术行业实践的基因工程。合成生物学的批评者担心其会创造出具有不确定或不可预测功能的新生物，可能以未知和不利的方式影响生态系统和其他物种。有关逃逸和污染的相关风险可能极难被事先评估。

二、美国监管措施

（一）联邦危险生物剂计划（The Federal Select Agent Program，FSAP）[2,11]

联邦危险生物剂计划由疾病预防控制中心、美国农业部的动植物卫生检疫局管理，对在美国境内拥有、使用或转移"危险病原体或毒素"的个人和实体进行监管。

美国疾病预防控制中心及美国动植物卫生检疫局为可能使用合成生物学并因此受联邦危险生物剂计划约束的人发布了行为指南，旨在响应 NSABB 于 2006 年发布的《解决与危险生物剂合成相关的生物安保问题》报告（Addressing Biosecurity Concerns Related to the Synthesis of Select Agents），报告讨论了与合成基因组学和危险生物剂相关的监管。

（二）合成 dsDNA 供应商筛选指南

2010 年 10 月，美国卫生与公众服务部发布了《筛选合成双链 DNA 的指南》。该指南针对使用 dsDNA 合成病原体或毒素有关的潜在生物安保问题[12]。dsDNA 合成机构在收到请求后，需要进行客户筛查和序列筛查，如果存在疑问，则需进行后续筛查。

（三）美国国立卫生研究院涉及重组 DNA 分子的研究指南

美国国立卫生研究院于 1976 年制定了《NIH 重组 DNA 研究指南》[13]，该指南是基于公众对操纵遗传物质的新兴技术风险的担忧而创建的。指南针对的研究涉及构建和处理重组 DNA 分子及包含这些分子的生物和病毒。在接受美国国立卫生研究院资助的涉及重组 DNA 研究的机构中，研究人员必须遵守该指南。如果机构获得过联邦研究经费，则该机构的非联邦资助的研究也必须遵守指南。例如，尽管克莱格·文特尔研究所（Craig Venter Institute）在合成基因组方面所做的工作不是联邦资助的，但因研究所是主要联邦资金接受者，所以也必须遵守该指南。

（四）微生物和生物医学实验室生物安全

美国疾病预防控制中心和美国国立卫生研究院还颁布了被广泛接受的行业标准，即《微生物和生物医学实验室生物安全》（Biosafety in Microbiological and Biomedical Laboratories，BMBL）。BMBL 重点针对防护原则及风险评估，是对《NIH 重组 DNA 研究指南》的补充。

（五）生物技术监管协调框架

不同于研发监管，对于生物技术产品的评估与监管由美国国家环境保护局、美国农业部动植物卫生检疫局和美国食品药品监督管理局分别各自执行。

三、总结与建议

（一）促进公共利益

研究委员会建议政府审查并公布合成生物学相关的研究资金风险评估、伦理和合成生物学导致的社会问题。这将促进公众参与，并确保透明度。

建议1：公共资金审查和公布

联邦政府应通过总统行政办公室等，对目前用于合成生物学活动的公共资金进行评估，包括为风险评估和风险消减技术研究提供的资金，以及合成生物学相关的伦理及社会问题研究。

建议2：支持有前景的研究

促进公共利益是合成生物学投入资金的首要决定因素。美国国立卫生研究院、能源部（Department of Energy，DOE）和其他联邦部门应继续通过同行评审机制和其他审议程序来评估研究提案，以确保所资助的是有前景的科学研究。

建议3：通过分享促进创新

合成生物学正处于发展的早期阶段，应鼓励创新。总统行政办公室应牵头努力确定当前的研究许可和共享做法是否足以确保涉及合成生物学的基础研究成果可用于促进技术创新。

（二）促进负责任的管理

委员会认为，负责任的管理需要整个政府制定明确的、协调的制度。虽然目前不需要新的部门，但需要有像总统行政办公室等能起领导作用的部门。

建议4：合成生物学的协调方法

委员会认为目前没有必要设立专门针对合成生物学的监管部门。委员会鼓励总统行政办公室与相关联邦部门协商，为合成生物学研究和开发制定清晰、明确的协调方法，以便对合成生物学的发展进行持续审查；确保监管要求一致且不矛盾；定期和及时向公众通报其发现。

建议5：风险评估审查和实地释放差距分析

由于在不确定情况下难以进行风险分析，特别是新出现的概率低但潜在影响大的事件，因此随着研究的开展需要进行持续风险评估。总统行政办公室应召集一个机构间小组，讨论风险评估活动，包括分歧的原因和加强政府各部门协调的措施；小组还应确定与合成生物体的实地释放有关的风险评估与实践中的差距。

建议6：监测、遏制和控制

由于合成生物学产生的生物体或其他生物活性材料存在无意环境释放而造成危害的可能，总统行政办公室应对合成生物体在自然环境中繁殖的能力进行持续审查，并根据需要确定可靠的遏制和控制机制。例如，可以考虑在合成生物体中加入自杀基因或其他类型的自我毁灭触发因素，或者可以使工程生物体依赖于实验室外不存在的营养成分，从而在释放时对其进行控制。

建议7：实地释放前的风险评估

在实地释放涉及合成生物学技术的生物体或商业产品之前，应根据美国《国家环境政策法》（National Environmental Policy Act，NEPA）或其他适用法律进行合理的风险评估。

建议8：国际协调和对话

认识到国际协调对生物安全和生物安保至关重要，政府应采取行动，确保就合成生物学等新兴技术进行持续对话。总统行政办公室应通过国务院及卫生与公众服务部和国土安全部（Department of Homeland Security，DHS）等其他相关机构，与各国政府、世界卫生组织和其他有关方面合作，促进关于合成生物学等新兴技术的持续对话。

建议9：伦理教育

由于合成生物学和相关研究跨越了传统的学科界限，应该为医学以外的所有研究人员进行与当今医学和临床研究界所需的培训相似的伦理学教育。总统行政办公室应与美国国家科学院、美国国家工程院（National Academy of Engineering）、科学界和公众协商，召集一个小组，考虑适当和有意义的培训要求和模式。

建议10：持续的评估

应定期审视关于合成生物学的道德讨论，重新评估有关合成生物学对人类、其他物种、自然和环境的影响，并跟踪该领域的持续发展。

（三）知识自由和责任原则

无论是通过科学家的自我调节还是政府干预，只有在风险较大时，才应该对研究进行限制。评估和应对合成生物学的已知和潜在风险，需要政府扩大当前的监管。例如，美国国立卫生研究院或美国能源部可以开展教育计划和研讨会，资助相关培训计划。

建议 11：促进个人责任感

政府应支持研究界继续培养个人和企业责任意识和自我监管意识，包括机构监管、遵守《NIH 重组 DNA 研究指南》。总统行政办公室应评价并定期评估现有研究监管机制的有效性，确定在不过度限制知识自由的情况下应采取哪些额外措施。学术和私人机构、公众、美国国立卫生研究院和其他合成生物学研究的联邦资助者应该参与这一过程。

建议 12：定期评估生物安全和生物安保风险

生物安全和生物安保风险可能因研究的环境而异，研究机构内的研究风险可能比研究机构外的研究风险低。目前，合成生物学活动在这两种情况下构成的风险似乎得到了管理。然而，随着该领域的进展，政府应继续评估两种环境中合成生物学研究活动的具体安全风险。总统行政办公室应与国土安全部、联邦调查局和其他部门合作，开展并定期更新评估结果。

建议 13：监管控制

如果审查过程中确定了重大且不受管理的生物安全或生物安保关切，则政府应考虑要求所有研究人员遵守某些监管措施，无论研究资金来源如何，并在与科学、学术和研究界及相关的科学监管部门（如美国国立卫生研究院、国土安全部和环境保护局）协商后进行。

（四）促进民主审议

通过民主审议、交换意见的方式，探讨和评估有关合成生物学的问题。这一原则为政府和非政府行为者提供了机会，确保合成生物学以尊重不同观点的方式发展，并避免一些误解和混乱。

建议 14：科学、宗教和公民参与

鼓励科学家、政策制定者及宗教和民间社会团体就各自对合成生物学和相关新兴技术的看法保持持续交流，与公众和政策制定者分享他们的观点。反过来，科学家和政策制定者应尊重地考虑与合成生物学相关的所有观点。

建议 15：信息准确性

在讨论合成生物学时，最初可能会讨论对基础科学及其对社会的影响，但最终都会演变成公开讨论科学和伦理问题。为了进一步促进公共教育，应建立一种机制，最好由私人组织监管，对与合成生物学进展有关的各种研究结论进行审查。

建议 16：公共教育

应扩大与合成生物学有关的教育活动，并针对各级学生、民间社会组织、社区和其他群体的不同人群开展活动。这些活动在政府、私人基金会、基层科学和民间组织的支持下开展。总统行政办公室应在科学界、公共和相关私营组织的意见下，促进科学和伦理素养。

（五）促进正义和公平

正义和公平原则可以应用于合成生物学领域，包括风险与收益的分配等。

建议 17：研究中的风险

总统行政办公室应牵头对当前要求和替代模式进行多部门的评估，以避免合成生物学的风险存在不公平的分配。应与相关的科学、学术和研究界，包括私营部门进行磋商。

建议 18：商业生产和销售中的风险与收益

对社区和环境的风险不应被不公平地分配。寻求将合成生物学用于商业活动的制造商应确保评估和管理对社区和环境的风险和潜在利益，以便严重的风险，包括长期影响，不会不公平或不必要地由某些个人或群体承担。这些努力还应旨在确保这项研究可能产生的重要进展能够惠及那些最有可能从中受益的个人和群体。

资料来源

[1] Presidential Commission for the Study of Bioethical Issues. New directions: the ethics of synthetic biology and emerging technologies[EB/OL].[2023-01-01]. http:// bioethics.gov/sites/default/files/PCSBI-Synthetic-Biology-Report-12.16.10_0.pdf.

参考文献

[1] Presidential Commission for the Study of Bioethical Issues. New directions: the ethics of synthetic biology and emerging technologies[EB/OL].[2023–01–01]. http://bioethics.gov/sites/default/files/PCSBI-Synthetic-Biology-Report-12.16.10_0.pdf.

[2] 田德桥. 生物技术安全[M]. 北京：科学技术文献出版社，2021：36–37，79.

[3] ATSUMI S, HANAI T, LIAO J C. Non–fermentative pathways for synthesis of branched–chain higher alcohols as biofuels[J]. Nature, 2008, 451（7174）: 86–89.

[4] CLOMBURG J M, GONZALEZ R. Biofuel production in Escherichia coli: the role of metabolic engineering and synthetic biology[J]. Appl. microbiol. biotechnol., 2010, 86（2）: 419–434.

[5] TILMAN D, REICH P B, KNOPS J M. Biodiversity and ecosystem stability in a decad–long grassland experiment[J]. Nature, 2006, 441（7093）: 629–632.

[6] TILMAN D, REICH P B, KNOPS J, et al. Diversity and productivity in a long–term grassland experiment[J]. Science, 2001, 294（5543）: 843–845.

[7] MARTIN V J, PITERA D J, WITHERS S T, et al. Engineering a mevalonate pathway in Escherichiacoli for production of terpenoids[J]. Nat. Biotechnol., 2003, 21（7）: 796–802.

[8] Synthetic Genomics. Synthetic Genomics Inc. and J. Craig Venter Institute form new company, Synthetic Genomics Vaccines Inc.（SGVI）, to develop next generation vaccines[EB/OL]. [2023–06–16]. https://www.jcvi.org/media-center/synthetic-genomics-inc-and-j-craig-venter-institute-form-new-company-synthetic-genomics.

[9] FEERO W G, GUTTMACHER A E, COLLINS F S. Genomic medicine an updated primer[J]. N. Engl. J. Med., 2010, 362（21）: 2001–2011.

[10] HAZEN T C, DUBINSKY E A, DESANTIS T Z, et al. Deep–sea oil plume enriches indigenous oil degrading bacteria[J]. Science, 2010, 330（6001）: 204–208.

[11] Centers for Disease Control and Prevention. About the Federal Select Agent Program[EB/OL]. [2023–03–05]. https://www.cdc.gov/orr/dsat/about-fsap.htm.

[12] HHS. Screening framework guidance for providers of synthetic double–stranded DNA [EB/OL].[2023–06–01].https://www.federalregister.gov/docu-

ments/2010/10/13/2010-25728/screening-framework-guidance-for-providers-of-synthetic-double-stranded-dna.

[13] National Institutes of Health. NIH guidelines for research involving recombinant or synthetic nucleic acid molecules[EB/OL].[2023-01-01]. https://osp.od.nih.gov/wp-content/uploads/NIH_Guidelines.pdf.

[14] CDC. Biosafety in Microbiological and Biomedical Laboratories（BMBL）6th Edition[EB/OL].[2023-06-01]. https://www.cdc.gov/labs/BMBL.html.

第四节　合成生物学与美国生物技术监管系统：挑战和选择

2014年5月，在美国能源部生物与环境研究办公室（The Department of Energy, Office of Biological and Environmental Research）的资助下，克莱格·文特尔研究所（Craig Venter Institute）的莎拉·卡特博士（Sarah R. Carter）与弗吉尼亚大学的迈克尔·罗德迈耶博士（Michael Rodemeyer）等①一起撰写发布了《合成生物学与美国生物技术监管系统：挑战和选择》报告（Synthetic Biology and the U.S. Biotechnology Regulatory System：Challenges and Options），就美国应对合成生物学与生物技术监管体系所面临的挑战提出了选择方案。

一、报告概述

（一）研究重点

自20世纪70年代中期首次描述重组DNA技术以来，关于遗传生物体的监管政策一直存在长期而激烈的辩论②。该研究旨在更好地了解合成生物学发展，美国监管体系可能面临的新挑战。

研究重点确定了利用合成生物学设计的产品是否会被美国监管体系同基因工

---

① 莎拉·卡特（Sarah R. Carter），克莱格·文特尔研究所（Craig Venter Institute）；迈克尔·罗德迈耶，弗吉尼亚大学（Michael Rodemeyer, University of Virginia）[1]。
② 关于转基因生物监管的政策辩论可以追溯到1975年的阿西洛马会议，并一直持续到今天围绕转基因作物衍生食品安全性的讨论和辩论。

程产品以相同的方式处理。该分析需要审查用于监管基因工程产品的各种美国法律和法规。每一项法规都有不同的重点和监管要求。一些法规要求产品在上市前必须获得监管部门的批准,包括杀虫剂、食品添加剂及人和兽用药品等。然而,大多数产品不需要获得上市前的批准,而是受其他法规的约束,这些法规允许监管部门在产品上市后若出现危害再采取行动。

(二)合成生物学

自 20 世纪 80 年代中期以来,转基因产品受一系列联邦法律法规和政策的监管。该研究的最初任务是确定合成生物学工程产品与传统基因工程技术产品之间是否存在差异,当前监管体系的监管是否存在差异。如果是,监管差异是否会在环境、健康或安全问题方面产生潜在影响。研究还分析了合成生物学技术产品的开发对监管的挑战。

二、生物技术产品监管协调框架

(一)美国转基因产品监管政策

美国国立卫生研究院于 1976 年为从事重组脱氧核糖核酸(DNA)研究工作的实验室研究人员制定了《NIH 重组 DNA 研究指南》。该指南确保由美国国立卫生研究院资助的重组 DNA 研究在基于风险的相应物理防护条件下进行,以保护研究人员并防止研究过程中产生的基因工程生物释放到开放环境中。

1986 年美国白宫科学技术政策办公室发布了《生物技术监管协调框架》。该协调框架指出,现有的联邦法律足以监管生物技术产品,框架规定了美国联邦监管部门在现行法律下的主要责任,并指出监管应通过这些部门之间的协调来完善。

随着各部门开始实施协调框架,对于打算释放到环境中的基因工程微生物、植物和动物的合适监管存在分歧。为了明确监管政策,美国科学技术政策办公室发布了一项政策声明[1],指导各部门制定有关拟释放到环境中的基因工程生物的

---

[1] 白宫科学技术政策办公室在 1992 年的政策声明中指出:"在某些情况下,一个部门可能没有足够的信息来确定生物体的引入是否会造成不合理的风险,以及是否有必要进行额外的监管。如果部门有理由相信可能会带来风险,但无法确定这种风险是否合理,则部门需要收集足够信息。"

监管法规。政策声明指示各部门"根据引入带来的风险"而不是"根据生物体已被特定过程或技术改变的事实"进行监管。政策声明指示各部门只有在有证据表明已引入构成"不合理风险"时才对用于环境释放的基因工程生物进行监管。

作为回应，联邦部门制定了基于风险高低的监管标准，重点关注危险特征风险增加或不确定性增加的生物体。根据这些标准，低风险的基因工程产品将免于监管。通过常规育种技术开发的生物体基于长期经验免于监管。基因工程微生物、植物和动物在任何环境释放之前都受到联邦监管审查。

健康和环境风险应仅根据特定产品的具体特征和预期用途而不是制造过程逐案评估的原则是美国生物技术法规的一个基本特征，与欧盟和其他一些国家的监管方法形成鲜明对比。一些人认为，美国的监管体系对基于科学的风险评估和风险管理的关注有限，因为基因工程带来的风险不确定。一些组织呼吁对包括合成生物学在内的基因工程的监管采取更具预防性的方法。

（二）适用于基因工程产品的法律法规

根据《生物技术监管协调框架》，基因工程产品受到适用于通过传统手段生产的类似产品的相同法律的监管。因此，确定哪些法律适用于哪些基因工程产品需要审查美国健康、安全和环境监管体系。

美国的监管体系包括许多法律，每一项法律都有不同的重点和范围，在许多情况下，有不同的监管方法。一些法律要求产品在销售之前必须得到监管部门的批准，而其他法律要求监管部门只有在产品上市后有证据表明其有害时才采取行动。

负责监管利用基因工程开发的产品的3个主要联邦部门是农业部动植物卫生检疫局、美国国家环境保护局和美国食品药品监督管理局。农业部动植物卫生检疫局通常在其管理植物害虫的一般权力下管理转基因作物和植物的田间试验。美国国家环境保护局根据《有毒物质控制法》将基因工程微生物作为"新化学物质"进行监管。美国国家环境保护局还监管基因工程杀虫剂。美国食品药品监督管理局监管食品、食品添加剂、人和兽用药品及某些其他产品，包括通过基因工程生产的产品。每个部门都制定了法规、准则或指南，以帮助根据现行法律行使其权力，并为生产者提供合规建议。

某些类型的产品在上市之前必须获得监管部门的批准，许多其他未经过安全性审查的产品，如果它们造成危害，则需要将其从市场上移除。人和兽用药品、食品添加剂及杀虫剂是需要上市前监管批准的产品示例。食品、化妆品是无须安全审查即可上市销售的产品示例，但如果其造成伤害，监管部门就会采取行动。

在上市前审批流程下，相应部门通常依靠生产商提供批准产品所需的所有信息；相关部门做出决定可能需要多长时间通常没有时间限制。

上市前审批程序赋予审批部门最大的监管权力，实际上生产者必须提供相关部门要求的任何信息，作为其批准过程的一部分，这使其不仅可以审查现有信息作为其风险评估的一部分，还可以要求生产者提供新信息。各审批部门还可以对批准提出条件，以进一步降低风险。

但是，在美国销售的大多数产品在销售之前不需要经过联邦部门的审查或批准，政策制定者并不认为上市前批准对于大多数产品是必要或可取的。联邦监管部门可以采取行动将有害产品从市场上移除，并对其生产商或分销商进行处罚。这种情况的前提是审查部门必须收集证据证明产品正在造成伤害，从而证明生产商或分销商违反了法律。实际上，制造商在面临潜在的诉讼和负面宣传时，往往会自愿召回产品。上市后监管法律允许产品比上市前审批制度更快地进入市场，但有害产品在一段时间内销售的可能性会增加。

（三）使用合成生物学设计的产品

液体燃料可能是合成生物学中最有前途和最受期待的应用。汽油、柴油或氢气等可以使用微生物来生产。这些燃料可以在生物反应器或外界环境中进行生产。例如，基因工程藻类能够利用太阳能生产燃料，并且可以在大型池塘或其他半封闭设施中生长。基因工程通过调整这些生物的新陈代谢将尽可能多的能量用于燃料生产。

虽然合成生物学有很多新的应用，但合成生物学产生的很多工程产品仍采用与传统基因工程产品相同的监管方式。

动植物卫生检疫局审查通过合成生物学工程设计植物产品的能力可能会受到限制，因为合成生物学可能会促进不属于动植物卫生检疫局的有关植物害虫的法律权限范围内的新型植物的产生。对于美国国家环境保护局的《有毒物质控制法》，存在的挑战是它能否能跟上合成生物学新型基因工程微生物的快速发展。

三、植物产品监管

美国生物技术监管体系要求由美国农业部动植物卫生检疫局对工程植物进行监管。随着包括合成生物学在内的新型生物技术变得越来越普遍，将为产品研发人员开发新的基因工程植物提供越来越多的选择。

（一）关键挑战

合成生物学和其他新型基因工程技术可能会导致不受美国农业部审查的转基因植物数量增加，这可能导致无法事先对可能造成环境或安全问题的田间转基因植物种植试验和商业化生产进行监管审查。

食品药品监督管理局和国家环境保护局都依据动植物卫生检疫局对早期田间试验的监管来制定转基因植物监管框架；如果基因工程植物在没有动植物卫生检疫局审查的情况下种植，则这些部门可能难以施加相应的防护要求。

（二）相关政策选择

1. 维持现有的监管制度，并对不受审查的转基因植物采取自愿遵守原则

动植物卫生检疫局要求几乎所有涉及转基因植物的研究接受审查。然而一些人认为植物生物技术受到过度监管，可能阻止有益的新产品进入市场。因此，现在可能是逐步取消这种严格的监管审查的时候。这将允许动植物卫生检疫局现行法规未涵盖的新转基因植物，在没有事先监管审查的情况下，与传统培育的植物和作物新品种以相同的方式种植。这个过程提供了包括增强公众信任在内的优点。

2. 确定新一代植物生物技术最有可能带来的风险，并通过现行法律降低风险

白宫科学技术政策办公室可以领导一项跨部门工作，以评估动植物卫生检疫局如何应用其现有权限，来评估和减轻使用合成生物学和其他新的基因工程技术设计的下一代植物的风险。食品药品监督管理局和国家环境保护局应参与这项工作，并依赖于动植物卫生检疫局对早期田间试验的许可。

动植物卫生检疫局认为没有科学依据表明大多数基因工程会增加与传统植物相比更多的风险。动植物卫生检疫局将利用植物害虫和有害杂草管理部门审查和监管转基因植物的环境风险。这种监管作用可能很重要，但扩大现有法律的权威以实现这一作用可能会造成不确定性，应对这些挑战将是困难的。这一选择可能

代表着对工程植物监管方式的重大规则变化。

3. 给予动植物卫生检疫局额外的权力来审查和监管转基因植物

如果发现动植物卫生检疫局下的授权缺乏对构成潜在环境风险植物的监管能力，那么国会可以采取行动，扩大动植物卫生检疫局的权力，以审查转基因植物。国会可以赋予美国农业部权力，以审查许多类型的基因工程植物，消除环境危害。这种方法将使美国农业部在选择如何监管这些植物方面更加自由，并且可以为产品开发商和公众提供更多的确定性。

4. 根据《联邦杀虫剂、杀真菌剂和灭鼠剂法》或《有毒物质控制法》颁布规章，以便美国国家环境保护局规范基因工程植物

国家环境保护局可以根据《联邦杀虫剂、杀真菌剂和灭鼠剂法》进行监管，然而该法案可能不是监管所有或大多数转基因植物最适当的法规。国家环境保护局还可以使用《有毒物质控制法》对这些植物产品进行监管。如果国家环境保护局选择将这些监管应用于转基因植物，则需要颁布新的规章，定义它将监管哪些植物，哪些植物将被豁免，以及将遵循哪些程序。

四、微生物产品监管

随着使用合成生物学设计的微生物产品变得越来越普遍，可能出现很多挑战和问题。预计合成生物学将丰富市面上微生物产品的数量和多样性。迄今为止，国家环境保护局根据《有毒物质控制法》可以评估基因工程微生物的潜在风险，并要求采取风险消减措施。然而，预计用于工业用途的转基因微生物的涌入，可能会给国家环境保护局的监管带来挑战。

（一）关键挑战

国家环境保护局根据《有毒物质控制法》对基因工程微生物进行监管，但可能受到资金不足及《有毒物质控制法》对其权力的限制。通常，在开始对微生物进行试验之前，研究人员必须使用《有毒物质控制法》试验启动程序（TSCA experimental release application，TERA）并获得国家环境保护局的批准。在将微生物用于商业用途之前，研究人员必须通过微生物商业活动通知（microbial commercial activities notice，MCAN）通知国家环境保护局。《有毒物质控制法》

试验启动程序和微生物商业活动通知都会触发国家环境保护局对潜在健康和环境风险的审查流程。然而，国家环境保护局使用这一授权的经验有限。自 1998 年以来，大约有 75 种工程微生物被提交给国家环境保护局进行审查，以便进行商业化测试并进行评估，其中不到 30 种用于在环境中进行现场测试，仅有一种基因工程微生物被国家环境保护局批准在环境中商业使用。

国家环境保护局也许能够增加其监管人员的规模或提高其管理效率。例如，随着部门官员越来越熟悉使用合成生物学设计的微生物类别，其可以扩大豁免范围，以减少花在低风险微生物上的时间，并更好地关注那些对环境危害可能性更大的微生物。

合成生物学带来的新微生物的数量、多样性和新颖性可能会给国家环境保护局带来新的挑战。关于《有毒物质控制法》在这种情况下如何运作存在一些分歧和不确定性。相关部门应与产品研发人员合作，了解潜在风险，并确定最合适的测试和研究。

（二）相关政策选择

选项 1：根据《有毒物质控制法》为美国国家环境保护局的生物技术部门提供额外资金，并采取措施加快审查。

如果产品数量增加，超出了国家环境保护局的审查能力，则可为国家环境保护局提供额外资金加快审查。这一做法需要国家环境保护局的内部程序优先考虑资金来源。鉴于申请数量的迅速增加及合成生物学的发展可能产生多种微生物产品，可能需要认真考虑资金的需求。

选项 2：修改《有毒物质控制法》，以加强美国国家环境保护局管控微生物产品的能力。

国会可以采取行动修改《有毒物质控制法》，解决一些不确定性。此外，国会还可以考虑采取其他几项措施来加强美国国家环境保护局的权力，包括：

（1）要求研究人员证明产品没有不良影响，才能使产品进入市场。

（2）延长产品环境释放申请和上市前的评估期，以便国家环境保护局进行更全面的评估。

（3）制定强制性的上市后报告要求。

(三) 微生物产品监管中的其他问题

1. 非商业性基因工程微生物的环境释放可能得不到监管

《有毒物质控制法》要求应提前报备用于制造和加工"商业目的"的新化学物质。国家环境保护局对"商业目的"的定义非常宽泛，但仍有一些转基因微生物的环境释放没有商业目的，因此不适用于《有毒物质控制法》和国家环境保护局的监管。

《NIH 重组 DNA 研究指南》禁止其所涵盖的研究人员在防护区域之外释放基因工程生物，除非得到相关监管部门的授权。如果没有部门具有管辖权，即使是在开放环境中的合法研究也无法通过审查。

2. 被排除在《有毒物质控制法》之外且未接受其他相关部门上市前审查的基因工程微生物产品数量可能会增加

《有毒物质控制法》排除了属于其他法规范围的物质，包括食品和化妆品。如何对此类微生物产品进行监管，取决于管理产品预期用途的具体法律。食品药品监督管理局在做出监管决策时，在考虑不直接威胁人类或动物健康的环境危害方面的权力有限。在这个领域，由于合成生物学可能实现的基因工程微生物的范围和数量、与环境相互作用的潜力，以及公众对此类产品的看法，监管系统会面临挑战。

3. 美国国家环境保护局对"微生物"的定义可能不足以涵盖使用合成生物学设计的微生物

美国国家环境保护局只监管工程微生物，这种监管模式不包括对自然变异微生物的监管。关于"微生物"的定义是否包括化学合成的基因序列仍在讨论中。

资料来源

[1] CARTER, SARAH R, RODEMEYER, et al. Synthetic biology and the U.S. biotechnology regulatory system: challenges and options[EB/OL]. [2023-01-01]. https://www.jcvi.org/sites/default/files/assets/projects/synthetic-biology-and-the-us-regulatory-system/full-report.pdf.

参考文献

[1] CARTER, SARAH R, RODEMEYER, et al. Synthetic biology and the U.S. biotechnology regulatory system: challenges and options[EB/OL]. [2023-01-01]. https://www.jcvi.org/sites/default/files/assets/projects/synthetic-biology-and-the-us-regulatory-system/full-report.pdf.

[2] 田德桥. 生物技术安全[M]. 北京：科学技术文献出版社，2021：79.

第三章
美国国家科学院报告

美国国家科学院于1863年成立[1]，就科学和技术问题向美国政府提供建议。美国国家科学院出版社（National Academies Press，NAP）出版美国国家科学院（National Academy of Sciences，NAC）、美国国家工程院（National Academy of Engineering）、美国国家医学院（National Academy of Medicine）和美国国家研究委员会（National Research Council，NRC）发布的报告。美国国家科学院非常关注前沿技术发展及伴随的潜在风险，发布了一些相关研究报告。本章对美国国家科学院出版社涉及生物技术安全的相关报告进行介绍。

第一节 恐怖主义时代的生物技术研究

2004年，美国国家科学院发布了《恐怖主义时代的生物技术研究》（Biotechnology Research in an Age of Terrorism）报告①，旨在考虑如何在不妨碍生物技术发展的情况下减少生物战和生物恐怖主义的威胁。

一、生物技术进展

（一）生命科学发展

生命科学在20世纪经历了快速发展，遗传学原理和基因工程等技术的发展开辟了新的研究领域，为工业、农业和医学的应用提供了基础。为利用生物技

---
① 报告由防止生物技术破坏性应用研究标准和做法委员会（Committee on Research Standards and Practices to Prevent the Destructive Application of Biotechnology）；发展、安全与合作委员会（Development, Security, and Cooperation）；政策和全球事务委员会（Policy and Global Affairs）等共同完成。杰拉尔德·芬克（Gerald R. Fink）是防止生物技术破坏性应用研究标准和做法委员会主席，也是本报告的负责人，其1990年至2001年担任麻省理工学院怀特黑德生物医学研究所（Whitehead Institute）所长。

术发展带来的机遇，美国政府通过国立卫生研究院和国家科学基金会（National Science Foundation，NSF）资助了许多相关研究。

生物技术研究是全球化研究，美国科技工作者队伍日益国际化。在美国国立卫生研究院，大约50%的技术人员是非美国人，研究成果广泛传播，即使是高中生也可进行涉及重组DNA技术的实验。

（二）两用性研究困境

《禁止生物武器公约》（Biological Weapons Convention，BWC）禁止发展、生产和储存生物武器，但允许各国开展防御性研究活动。在生命科学领域，用于造福人类健康的生物技术也可能被用于创造新一代生物武器。由于生物技术的两用性特点，对于公约允许或禁止的生物技术基础研究很难做出明确的区分。生物技术两用性研究的监管涉及技术、政治和社会问题。对于参与生物学前沿研发的科学家和技术人员，这种两用性既带来了不确定性，也造成了伦理困境。

（三）美国政策

1969年11月25日，尼克松（Richard Milhous Nixon）总统宣布放弃首先使用可能致命或使人丧失行动能力的化学品，并寻求美国参议院批准《日内瓦议定书》（Geneva Protocol），该议定书禁止在战争中使用化学或生物材料，但不禁止获取或拥有这些材料。尼克松总统还宣布放弃使用致命的细菌（生物剂）或生物武器。1975年，美国参议院批准了《禁止生物武器公约》。

（四）新的威胁

1975年《禁止生物武器公约》生效时生物技术革命刚刚开始。随着生物技术革命的到来，希望拥有生物武器的国家可能增多，而化学、生物相关的材料和技术变得更容易获得。生物技术知识和能力的国际传播意味着无论是国家还是恐怖组织，都可以广泛开展有益或有害的研究活动。在这种情况下，限制危险生物剂的获取变得更为困难。

（五）争议性研究实例

1. 鼠痘病毒

涉及可能用于生物恐怖主义研究的典型案例是2001年澳大利亚联邦科学与

工业研究组织（CSIRO）发布了杰克逊（Jackson）在鼠痘病毒中加入白细胞介素4（IL-4）基因意外产生强致死性病毒的研究[3]。该论文的研究小组试图研究鼠用避孕产品，控制澳大利亚鼠害。在构建鼠用避孕疫苗过程中，研究人员使鼠痘病毒在雌鼠中表达卵蛋白，并通过刺激鼠的免疫反应攻击其自身的卵子从而达到避孕的目的。研究人员试图将IL-4基因导入鼠痘病毒来促进抗体的产生，但IL-4的表达抑制了正常的免疫反应，实验鼠大部分死亡，即使进行了免疫接种的小鼠也不例外。

一些人认为该研究报告的发表为恐怖主义分子制造更具危害性的天花病毒提供了一份技术路线图。

2. 人工合成脊髓灰质炎病毒

2002年 *Science* 刊登了美国纽约州立大学石溪分校通过化学方法合成脊髓灰质炎病毒的论文[4]。威默（Wimmer）在论文中称他们从化学合成的寡核苷酸中重建了脊髓灰质炎病毒，这些寡核苷酸连接在一起，然后转染到细胞中。脊髓灰质炎病毒可导致小儿麻痹症，其基因组是单链RNA。该研究团队通过互联网上可以找到的脊髓灰质炎病毒基因组序列，通过商业途径获得了所需的片段，然后对这些片段进行拼接，通过RNA聚合酶生成脊髓灰质炎病毒单链RNA基因组，再经细胞培养后注射到小鼠体内，并显示了该病毒的活性。

该研究证明人们可以从市场上买到的化学试剂中合成病毒，这一情况引起了人们对生物恐怖主义的担忧。

3. 天花病毒逃避免疫相关蛋白

天花病毒引起天花，具有30%~40%的致死率，接种疫苗病毒可预防该疾病。在《美国国家科学院院刊》（*Proceedings of the National Academy of Sciences*，*PNAS*）上发表的一篇论文中[5]，美国宾夕法尼亚大学罗森加德（Ariella M. Rosengard）及其同事研究了天花病毒和疫苗病毒之间毒力因子的差异。

虽然天花病毒和痘苗病毒具有一定的同源性，但天花病毒更容易逃避人的免疫反应。天花病毒中有一种天花补体抑制酶，该项研究证明了天花补体抑制酶可以促进天花病毒逃避人的免疫系统。针对天花补体抑制酶可以研发针对天花的有益治疗措施，但是其具有潜在滥用的可能性。

（六）委员会职责

（1）审查美国政府实验室、大学、其他研究机构和企业病原体研究和具有潜在风险的生物技术研究的现行规则、法规、制度和程序。

（2）评估美国现行规则、法规、制度和程序是否足以应对生物技术研究滥用的风险。

（3）给出具体建议，以提高美国应对生物技术研究滥用风险的能力，同时使合法的研究仍得以进行。

二、美国监管环境

（一）对基因工程研究的监管

《NIH重组DNA研究指南》旨在应对含有rDNA分子、病原体或毒素研究的公共卫生和环境风险。《NIH重组DNA研究指南》适用于美国国立卫生研究院直接进行的及接受美国国立卫生研究院资金支持的国内外机构进行的研究。

机构生物安全委员会是研究机构监管的基石，接受美国国立卫生研究院资金支持的研究机构必须建立机构生物安全委员会。机构生物安全委员会是由机构指定的审查机构，负责审查和批准与重组DNA研究相关的研究。机构生物安全委员会代表机构审查重组DNA研究项目是否符合《NIH重组DNA研究指南》。随着时间的推移，机构生物安全委员会作用已扩大到包括审查和监管涉及生物材料和其他潜在危险生物剂的各种研究。

机构生物安全委员会必须由至少5名成员组成，但成员人数没有上限。每个机构生物安全委员会都必须有两名不隶属于机构的成员，这些人可能是代表周围社区公共卫生或环境保护方面的人员；也可能是州与地区公共卫生与环境保护部门成员。机构生物安全委员会还应包括生物安全和防护方面的专家、熟悉相关政策和适用法律的人员及至少一名实验室工作人员代表。

在生物技术活动办公室（Office of Biotechnology Activities，OBA）[①] 注册的约 400 个机构生物安全委员会中，大多数是受《NIH 重组 DNA 研究指南》约束的机构，并且机构生物安全委员会注册是强制性的。

（二）实施《NIH 重组 DNA 研究指南》的框架

《NIH 重组 DNA 研究指南》规定了各联邦官员、研究机构和科学家的不同职责。美国国立卫生研究院生物技术活动办公室、重组 DNA 咨询委员会[②]、机构生物安全委员会、课题组长、机构生物安全官及研究者本身共同承担责任；重组 DNA 咨询委员会的技术专家就风险评估方面提供科学意见；公众有权对重大行动发表意见。

重组 DNA 咨询委员会负责就以下行动向美国国立卫生研究院主任提供建议：①《NIH 重组 DNA 研究指南》的更新；②根据《NIH 重组 DNA 研究指南》批准试验方案等。

重组 DNA 咨询委员会还负责：①确定值得关注的新型人类基因转移试验；②向美国国立卫生研究院主任提供关于人类基因转移试验的具体意见；③公开审查美国国立卫生研究院生物技术活动办公室评估和汇总的人类基因转移临床试验数据和相关信息；④确定与基因治疗（gene therapy）研究相关的科学、安全、社会和伦理问题；⑤确定与基因转移的特定人体应用相关的新的社会、伦理、科学和安全问题，并提供必要的指导。

机构生物安全委员会负责：①审查由机构直接进行或资助的所有重组 DNA 研究；②定期审查正在进行的项目；③制定事故和污染应急措施；④降低对已确定不存在有害序列的某些重组 DNA 和重组生物体的防护水平；⑤向美国国立卫生研究院生物技术活动办公室报告重大问题、违规情况或事故。

---

① 美国国立卫生研究院生物技术活动办公室主要监测人类遗传学研究的科学进展，以预测涉及重组 DNA 的基础和临床研究的未来发展，包括伦理、法律和社会问题。
② 美国国立卫生研究院重组 DNA 咨询委员会是美国国立卫生研究院内设的有关重组 DNA 技术的咨询机构，负责对重组 DNA 技术科学性、安全性、伦理争议性等问题进行研究并就研究结果向美国国立卫生研究院负责人提供专业性咨询意见，参与对重组 DNA 研究和基因转移方案的审查，以及负责制定重组 DNA 研究的行为准则[6]。

(三)《NIH 重组 DNA 研究指南》的防护策略

受管制的实验必须在规定的生物防护设施内进行,防护程度取决于潜在风险的程度,以减少重组生物体扩散的可能。美国国立卫生研究院于 1976 年发布了《NIH 重组 DNA 研究指南》,随后于 1984 年发布了《微生物和生物医学实验室生物安全》(BMBL)。BMBL 针对使用和处理感染性疾病病原体安全问题。BMBL 根据研究内容将实验室分为 4 个级别(BSL-1 至 BSL-4),为每个级别建立不同的安全要求。

需要在生物安全二级到四级实验室进行或涉及危险生物剂的研究,需要机构生物安全委员会批准后进行。在生物安全最高等级实验室(BSL-4)所产生的任何产物都不应有扩散或与任何实验室工作人员直接接触的可能,此类实验的防护要求或规定必须由美国国立卫生研究院重组 DNA 咨询委员会确定,并由美国国立卫生研究院批准。涉及将重组 DNA 引入危险生物剂研究的防护要求由美国国立卫生研究院生物技术活动办公室审查后确定。

三、生物剂的监管

(1) 1996 年《反恐怖主义和有效死刑法》(The Antiterrorism and Effective Death Penalty Act) 规定:

①采取措施防止清单所列生物剂用于国内外恐怖主义或任何犯罪目的。

②为违反规定的情况提供保护公众安全的措施。

③保证研究、教育和其他合法目的的生物剂可用。

(2)《爱国者法案》(The Patriot Act) 规定,任何人在预防、保护、善意研究或其他和平目的以外,拥有任何类型或数量的病原体或毒素或播散系统都是犯罪行为。此外,法案还禁止受限制人员转让或拥有所列危险病原体或毒素。

(3)《生物恐怖主义应对法》(The Bioterrorism Response Act) 要求:

①培训处理危险病原体或毒素的技能。

②建立合适的实验室设施,以保存和处置危险病原体或毒素。

③采取防止将危险病原体或毒素用于国内外恐怖主义或任何犯罪目的的措施。

④为违反安全的情况提供保护公众安全的措施。

⑤为用于研究、教育和其他合法目的提供生物剂。

2003年2月7日，美国疾病预防控制中心（CDC）的《危险生物剂的拥有、使用和转让》（Port, Use and Transfer of Select Agents）生效。2003年2月11日，美国农业部动植物卫生检疫局的类似规章也开始生效。

这些法规对转让或接收危险生物剂的实验室设施提出了额外的运输和处理要求。其目的是确保不将特定的生物剂运送给不具备处理这些生物剂的能力或缺乏适当授权的机构。

四、建议

(一) 对科学界进行教育

建议国内外专业学会及相关组织机构制定方案，教育科学家了解生物技术两用性风险及防范要求。

要充分应对新兴生物技术研究的潜在风险，需要对生命科学研究人员进行安全教育，使其了解潜在风险的性质及应对和管理这些风险的做法。目前，研究界对生物技术可能被滥用的认识差异很大。自20世纪70年代初《禁止生物武器公约》签署以来，大多数生命科学家对生物武器和生物恐怖主义问题几乎没有直接经验。

科学家要以身作则，建立安全意识、探索社会责任培训模式，如在法律方面，参加职业责任考试；在医学领域，对年轻医生进行伦理道德及医疗技能和知识方面的考核。

(二) 审查实验计划

建议卫生与公众服务部除对已经建立的涉及重组DNA研究审查外，对潜在微生物滥用研究进行审查。

委员会确定了七类需重点关注的实验：

（1）使疫苗失效的实验。

（2）使对治疗有用的抗生素或抗病毒药物产生耐药性的实验。

（3）增强病原体的毒力或使非病原体具有毒力的实验。

（4）增加病原体传播性的实验。

（5）改变病原体宿主范围的实验。

（6）能逃避诊断或检测方法的实验。

（7）使病原体或毒素武器化的实验。

机构生物安全委员会应作为相关实验的第一审查层级。机构生物安全委员会的成员需要接受与新兴生物技术研究潜在风险相关的教育培训，提升免疫学、病毒学、病理学和流行病学方面的专业知识，以承担这一责任。

美国国立卫生研究院重组DNA咨询委员会或美国国立卫生研究院主任需要进一步考虑是否批准或拒绝拟议的研究方案。美国国立卫生研究院重组DNA咨询委员会应仔细权衡研究的潜在风险与收益，并做出判断，如研究是否继续进行或对研究设计进行修改，以最大限度地降低潜在风险。

（三）出版阶段的审查

建议依靠科学家和科学期刊的自我管理降低出版物的潜在风险。

研究成果的出版及广泛传播存在滥用或恶意使用研究成果的风险，因此需要考虑在出版阶段采取审查，降低滥用风险。审查应建立在科学界自愿自治的基础上，而不是建立在政府正式监管的基础上。

限制出版物的提议在科学家和出版商中引起了极大的关注和争议。委员会支持科学界通过期刊和其他出版渠道的适当审查进行自我管理。以科学自治为基础的审查制度可以有效解决安全风险，而不会阻碍科学家参与重要的生物防御研究。

（四）设立国家生物安全科学顾问委员会（NSABB）

建议美国卫生与公众服务部成立NSABB，为审查和监管机制提供建议和指导。

NSABB将为科学界和政府履行若干重要职能。一方面，它将作为科学界和政府之间联系的桥梁；另一方面，它将就研究的监管及与国家安全和生物防御目的相关的生命科学研究的信息交流和传播提供具体的咨询意见。其成员应包括权威科学家和国家安全专家及具有管理科学研究经验的专家。

关于提议的研究监管方面，NSABB应定期审查值得关注的两用性研究并提出具体建议。此外，还应审查危险生物剂清单和国际生物剂出入境政策并提出相关建议。美国卫生与公众服务部要求每两年对危险生物剂清单进行一次审查，NSABB可以通过提供独立评估结果发挥重要作用。

（五）防止滥用的其他措施

建议联邦政府依靠执行现行立法和条例，要求NSABB进行定期审查，为生物材料提供保护并对从事相关工作的人员进行监管。

该委员会工作的重点是审查美国现行监管制度是否足以应对新兴生物技术研究的滥用，并建议建立一个能够更好地应对这些风险的制度。

美国疾病预防控制中心和美国动植物卫生检疫局将某些病原体指定为危险生物剂，清单内容可以增加，如果一些生物剂被滥用的可能性不再被认为是严重风险，那么也可能被从清单中删除。

（六）科学界在防止生物恐怖主义和生物战中的作用

建议国家安全和执法部门拓展新的渠道，与科学界就如何减轻生物恐怖主义的风险进行持续沟通。

科学界参与生物防御研究，需要与政府的国防、情报和执法部门之间建立信任和理解。情报和执法机构需要学术科学家提供关于现有生物剂和新型生物剂的特性，并提供关于限制新兴生物技术扩散传播风险的建议。国家安全和执法部门需要建立咨询委员会，由具有病原体、毒素、生物技术、免疫学和公共卫生等专业知识基础的科学家和临床医生或分子生物学领域的人员组成。咨询委员会可以帮助了解最新的科学技术手段，并回应一些技术关切。

（七）统一的国际监管原则

建立国际生物安保论坛，制定协调一致的国际监管原则。

全球各地都存在生物技术滥用风险，减少生物技术潜在风险的安全措施应在全球范围内应用。不仅美国科学界必须深入和直接参与，国际科学界也需要对这些问题做出反应并采取行动。

委员会建议召开一次国际生物安全论坛，论坛的主题包括：

（1）提高全球科学界的生物技术安全风险认知，包括培训、参与专业研讨会等，以提高科学家对潜在威胁的认知，了解与生命科学行为相关的伦理问题。

（2）制定国际监管机制，促进国际合作，查明和逮捕生物恐怖主义的个人。

（3）制定实验室内部和实验室间病原体管理的国际统一规范。

（4）对研究进行监管，建立值得关注的两用性研究管理的国际规范。

（5）制定针对传播生命科学敏感信息研究成果的国际规范。

资料来源

[1] National Research Council. Biotechnology research in an age of terrorism[M]. Washington, D.C.: National Academies Press, 2004.

参考文献

[1] NAS. History[EB/OL].[2023-03-05]. https://www.nasonline.org/about-nas/history/.

[2] National Research Council. Biotechnology research in an age of terrorism[M]. Washington, D.C.: National Academies Press, 2004.

[3] JACKSON R J, RAMSAY A J, CHRISTENSEN C D, et al. Expression of mouse interleukin-4 by a recombinant ectromelia virus suppresses cytolytic lymphocyte responses and overcomes genetic resistance to mousepox[J]. Journal of virology, 2001, 75（3）: 1205-1210.

[4] CELLO J, PAUL A V, WIMMER E. Chemical synthesis of poliovirus cDNA: generation of infectious virus in the absence of natural template[J]. Science, 2002, 297（5583）: 1016-1018.

[5] ROSENGARD A M, LIU Y, NIE Z, et al. Variola virus immune evasion design: expression of a highly efficient inhibitor of human complement[J]. Proc. natl. acad. sci. USA, 2002, 99（13）: 8808-8813.

[6] 吴焱斌, 王岳. 美国重组 DNA 咨询委员会的演变史[J]. 科技导报, 2022, 40（15）: 113-122.

推荐阅读

[1] CHOFFNES, E. Bioweapons: New Labs, More Terror？[J]. Bulletin of the atomic

scientists, 2002, 58（5）, 29-32.

[2] KWIK G, FITZGERALD J, INGLESBY T V, et al. Biosecurity: responsible stewardship of bioscience in an age of catastrophic terrorism[J]. Biosecur bioterror, 2003, 1（1）: 27-35.

[3] TUCKER, J B. Preventing the misuse of pathogens: the need for global biosecurity arms control today[EB/OL].[2023-03-05]. https://www.semanticscholar.org/paper/Preventing-the-Misuse-of-Pathogens-%3A-The-Need-for-Tucker/7b5a3bc-3c613667831f4cd7df08a6e92e71dbdc8#citing-papers.

[4] MOODIE, M. Reducing the biological weapons threat: new thinking, new approaches[EB/OL].[2023-03-05]. https://www.ojp.gov/ncjrs/virtual-library/abstracts/reducing-biological-threat-new-thinking-new-approaches.

第二节　技术进步和管理两用性风险的国际视角

2005年9月美国国家科学院发布了《技术进步和管理两用性风险的国际视角》（An International Perspective on Advancing Technologies and Strategies for Managing Dual-use Risks: Report of a Workshop）①报告，旨在分析前沿技术发展，研判其两用性风险及监管措施。

一、报告概述

生物技术的快速发展和全球范围的传播存在潜在滥用风险。新兴生物技术

---

① 报告由技术进步及防止应用于下一代生物战威胁委员会（Committee on Advances in Technology and the Prevention of their Application to Next Generation Biowarfare Threats），发展、安全与合作委员会，政策和全球事务委员会等共同完成。斯坦利·莱蒙（Stanley M. Lemon）与大卫·雷尔曼（David A. Relman）是技术进步及防止应用于下一代生物战威胁委员会的联合主席，也是报告的主要负责人。斯坦利·莱蒙博士是得克萨斯大学加尔维斯顿分校（UTMB）人类感染和免疫研究所所长。大卫·雷尔曼是斯坦福大学（Stanford University）医学院副教授[1]。

不仅能改变生命科学的研究和发展格局，而且能够创造和生产出具有潜在风险的生物剂。美国国家研究委员会和美国国家医学院成立了技术进步及防止应用于下一代生物战威胁委员会，以审查生命科学研究的当前趋势和未来发展目标，以及来自材料科学、生物信息和纳米技术等其他领域的技术，从而正确预测、识别和减轻潜在风险。

委员会于2004年9月在墨西哥库埃纳瓦卡的国家公共卫生研究所举办了一次国际研讨会，旨在从全球角度分析当前生物技术发展的前景及面临的风险。本报告总结了研讨会的主要内容。

二、新兴生物技术介绍

（一）生物调节剂和先天免疫

生物调节剂是天然存在的有机化合物，可调节多个器官系统中的各种细胞过程，对于正常的稳态功能至关重要。有一些不同类型的生物调节剂被认为是潜在的威胁因子，如细胞因子、激素、神经递质和核酸等。过去，生物调节剂的两用性风险被认为微乎其微，然而，技术的进步引起了人们对生物调节剂的两用性风险的关注。

在许多方面，生物调节剂构成严重的两用性风险的原因包括但不限于：①起效迅速；②可能导致伤害或死亡；③非特异性的临床效果；④可能表现为多次出现不明原因的伤亡症状；⑤针对人体关键的生化途径；⑥可能针对多个器官系统；⑦长期后果包括肺纤维化、癌症、不育、自身免疫等；⑧没有可用的疫苗；⑨没有合适的解毒剂；⑩可能与传统生物武器协同作用。

免疫系统在预防疾病方面起着至关重要的作用。免疫系统有两个组成部分：先天性免疫和适应性免疫。免疫系统由于其与神经内分泌系统相互作用，容易受到攻击。免疫和神经内分泌系统都产生细胞因子、肽激素和神经递质，并通过共享的受体回路相互作用。通常这些不同的相互作用反应保持平衡，但调节一个系统可能会对另一个系统产生深远的影响。

（二）DNA纳米技术（DNA nanotechnology）

生物结构的一个关键特性是自组装。最成功的生物自组装是DNA双螺旋。

为了模拟这些生物现象，科学家们开创了 DNA 纳米技术领域，以及通过算法自组装进行与基于 DNA 计算密切相关的领域。

该技术有多种医疗应用，如纳米颗粒的治疗递送。类似的技术还可能使人们连接可移动装置，以监测代谢参数，以及药物、胰岛素或其他化合物的受控释放。就 DNA 纳米技术这一领域而言，该技术易于获得且难以检测，具有一定的两用性风险。

（三）融合技术（convergence technology, CT）

融合技术是纳米技术（nanotechnology）、生物技术（biotechnology）、信息技术（information technology）和认知科学（cognitive science）的相互融合。一些专家认为这些技术的融合将帮助人类实现一些从未完成过的目标。

融合技术的大多数应用都被视为提升经济的机会，但不可否认其存在潜在的负面影响。经济风险只是融合技术面临的众多挑战之一，更重要的是该技术存在与侵犯隐私和人体增强相关的伦理问题。此外，融合技术可能会破坏社会的稳定，造成更多的失业，加剧贫富差距及技术先进国家和非先进国家之间的差距。

然而，从好的方面来看，融合技术将由市场或人类安全需求驱动，军事应用未来情景可能并不像所预测的那样令人担忧。为了管理融合技术带来的风险，欧洲委员会和其成员国呼吁欧洲高级别专家组创建社会观察站，以：①实时监控和评估国际融合技术研究；②研究社会驱动因素、经济和社会影响因素；③作为公共讨论平台；④处理有关专利的适用性及多学科合作中知识产权分配的问题；⑤监控路线图和公众反应。

三、治理措施

（一）公约

1925 年签署的《日内瓦议定书》于 1928 年生效，并得到了红十字国际委员会的大力支持。议定书的起草是为了应对第一次世界大战中广泛使用毒气的后果。议定书禁止在战时使用窒息性、毒性或其他气体，以及所有类似的液体、材料、装置及细菌作战方法。

为加强生物武器治理而采取的国际措施是1972年签署、1975年生效的《禁止生物武器公约》。《禁止生物武器公约》禁止发展、生产、储存或获取不具有保护、医疗或其他和平目的的任何类型或数量的病原体或毒素。根据该公约，所有此类材料必须在公约生效后9个月内销毁。

（二）其他治理措施

1. 行为准则

（1）遗传工程中心行为守则草案。

2001年，国际遗传工程和生物技术中心（International Centre for Genetic Engineering and Biotechnology，ICGEB）与联合国秘书处签署了一项协议：在可持续和安全使用基因工程和生物技术方面开展合作，在执行《生物多样性公约》及《卡塔赫纳生物安全议定书》方面开展合作并遵守《禁止生物武器公约》。

2003年，遗传工程中心被要求协助联合国秘书处履行安理会发布的任务，加强科学家道德规范并制定行为准则。国际遗传工程和生物技术中心随后成立了一个由国际遗传工程和生物技术中心成员和中国、古巴、意大利、尼日利亚和美国国家科学院组成的委员会，起草行为准则。

行动小组于2004年5月11日在意大利的里雅斯特举行了第一次会议，随后于2004年9月27日在罗马再次举行会议。2005年4月，行为守则草案提交给联合国秘书长并于2005年8月转交给《禁止生物武器公约》。

（2）IISS/CBACI章程。

与遗传工程中心准则不同，国际战略研究所（International Institute for Strategic Studies，IISS）和化学与生物武器控制研究所（The Chemical and Biological Arms Control Institute，CBACI）起草的准则依赖于私营部门及学术界和政府的广泛协商。该准则是国际战略研究所和化学与生物武器控制研究所认为在促进责任文化方面重要的组成部分。

国际战略研究所和化学与生物武器控制研究所准则涵盖以下5个方面。

①国际和国家法律法规：遵守、促进和合作，以帮助制定与生命科学相关的

有效国家和国际法律法规。

②人员：在任职期间和任职后，在招聘、培训和管理人员方面，应特别注意能够获得特定信息、材料和技术的人，如果其被滥用或不能安全地操作，可能直接影响公共安全。

③信息：在处理可能对公共安全和安保产生负面影响的信息时，遵守相关的国际和国家法律法规，确保信息安全，并与各国政府、学术界和商业部门合作，为制定有效和负责任的程序做出贡献。

④设施的安全可靠运行：遵守所有设施安全可靠运行的最高标准不仅有助于维护公共和环境安全，还有助于制定这方面的更有效的国际和国家法律法规、准则和标准。

⑤研发活动的治理：在规划和开展研发活动时，充分考虑安全、安保和伦理问题，支持参与制定和促进这方面行为准则的负责任的国际和国家实体。

2. 提高认识和科学家教育

提高认识和科学家教育可能比既定的行为准则更有价值，因其不仅包括道德规范，还包括有关两用性风险生物剂、信息和技术的法律规范。《禁止生物武器公约》既适用于国家也适用于个人，任何从事生物武器开发、生产和储存的个人都受到刑事立法的约束。

提高认识可以通过正式或非正式的方式进行。例如，将两用性概念纳入研究伦理的正式培训中。大多数生物伦理学课程侧重于人类和动物的试验和其他非两用性风险问题。两用性风险教育也可以纳入继续教育课程，以便该领域的任何人都能得到有关两用性风险的最新信息。

3. 研究监管

具有风险的研究不一定要采取禁止性行动。但科学界要认识到，他们必须更加注意其研究可能被滥用的问题。正如美国国立卫生研究院审查委员会有义务考虑两用性研究的威胁。同样，科学期刊的编辑可以在稿件审查期间增加额外的监管。虽然在国家层面进行监管是可行的，但在国际上仍旧存在问题。由于并非所有国家都有能力建立监管制度，因此可以建立一个国际性生物技术两用性研究监管制度。

4. 工业界的作用

制药和生物技术行业在减轻两用生物材料风险方面的作用仍不十分明确。红十字国际委员会为让工业界参与讨论这些问题并做出了一些努力。许多公司似乎对其产品和所产生知识、技术的最终用途充满期待，却不关心其潜在的风险，以及在产品和知识扩散之前审查这些风险的必要性。

与其期望工业界进行改变，不如更直接地动员公众和政府，以创造一个关注潜在风险的行业环境。对于工业界的可能从参与中受益的想法需要建立更广泛的领域，即通过让工业界、学术界、政府和军事部门共同参与，从而共同面对潜在风险、承担应尽职责。

5. 风险评估

随着新科学技术的出现，新风险也随之出现，在面对技术发展带来巨大惠益的同时，也应认识到传播科学知识、两用性生物剂、材料和技术所带来的潜在风险。

对于目前是否过于以病原体为中心，或是否已经足够重视非病原体生物剂、两用性设备及播散技术进行了一些讨论。过多的措施可能会限制有益的生物医学研究和应对全球传染病紧急情况的能力。因此，谨慎的做法是在采取行动之前至少进行某种最低限度的客观风险评估，防止国家领导层面做出错误决定。

对各种风险认识进行分类、建立一个客观有效的行动框架，需要科学界参与进来。科学家们具有第一手的知识和经验，因此需要其公开说明风险是什么、可以采取哪些预防措施，以及应该采取哪些政策。

风险分析应包括评估从自然发生的大流行病到人为造成的所有风险范围。如果风险分析和生物防御、公共卫生防范措施不能考虑到所有可能的风险，那么有效的生物技术两用性管理将是非常困难的。

6. 人类安全角度

从人类安全的视角来看待两用性研究的困境，也许会有所帮助。几十年前，联合国开发计划署的《1949年人类发展报告》（Human Development Report 1949）

提出了人类安全的概念。人类安全委员会在其 2003 年的报告《现在的人类安全》（Human Security Now）中提议，利用人类安全框架来加强和调整政策，以应对 21 世纪的威胁，包括恐怖主义。加强生物防御、保护环境、减少饥饿、减少贫困和改善人类健康的努力都属于"人类安全"框架。

7. 平衡先进技术利益与风险的方法

新兴的生物技术具有巨大的应用潜力，可以加强所有国家的社会和经济发展，改善数十亿人的健康和生活质量，并缓解工业化国家与其低收入和中等收入邻国之间日益扩大的经济和健康差距。曾经只有富裕国家才能负担得起的技术，包括基于基因组学的应用及制药和疫苗生产，已经在全球范围内扩展。然而，其在两用性研究方面也带来了挑战。随着全球生物技术的扩散和进步继续加速，这一挑战将随着时间的推移而扩大。

《禁止生物武器公约》在防止传播生物恐怖主义方面具有明确的作用，其对阻止使用生物武器和危险生物剂至关重要。但是，加强《禁止生物武器公约》只是应该采取的多种措施之一。

资料来源

[1] National Research Council. An international perspective on advancing technologies and strategies for managing dual-use risks: report of a workshop[M]. Washington, D.C.: National Academies Press, 2005.

参考文献

[1] National Research Council. An international perspective on advancing technologies and strategies for managing dual-use risks: report of a workshop[M]. Washington, D.C.: National Academies Press, 2005.

推荐阅读

[1] SINGER P A, DAAR A S. Harnessing genomics and biotechnology to improve global

health equity[J]. Science, 2001, 294（5540）: 87-89.

[2] ARCHIBUGI D. Making new technologies work for human development: United Nations Development Programme, Human Development Report 2001[J]. Research policy, 2002, 31（7）: 1217-1219.

[3] CHYBA F C, GRENINGER L A. Greninger. Biotechnology and bioterrorism: an unprecedented world[J]. Survival, 2004, 46（2）: 143-162.

第三节 全球化、生物安保和生命科学的未来

2006年，美国国家科学院发布了《全球化、生物安保和生命科学的未来》（Globalization, Biosecurity, and the Future of the Life Sciences）①报告，评估了公共卫生、生命科学和生物科学的当前趋势和未来目标，包括未来5至10年与生物武器相关的应用，以及预测、识别和减轻这些危险的方法。

一、报告概述

委员会的职责是：

（1）研究公共卫生、生命科学、生物医学和材料科学的科学发展趋势。

（2）评估基因工程和生物技术研究用于敌对用途的可能性。

（3）确定可以使个人、组织或国家识别、获取、掌握和推进这些技术并用于有益和敌对目的的潜在能力。

（4）确定生物医学界和公共卫生界所需的预防、识别、减轻和应对与先进技术风险相关的知识和工具。

---

① 报告由技术进步及防止应用于下一代生物战威胁委员会；发展、安全与合作委员会；政策和全球事务委员会等共同完成。斯坦利·莱蒙（Stanley M. Lemon）与大卫·雷尔曼（David A. Relman）是技术进步及防止应用于下一代生物战威胁委员会的联合主席，也是报告的负责人。斯坦利·莱蒙博士是得克萨斯大学加尔维斯顿分校（UTMB）人类感染和免疫研究所所长。大卫·雷尔曼是斯坦福大学（Stanford University）医学院医学、微生物学及免疫学副教授[1]。

委员会将新技术分为4类：①寻求获得新型生物或分子多样性的技术；②试图通过定向设计产生新的特异性生物或分子的技术；③寻求以更全面和有效的方式理解和操纵生物系统的技术；④寻求增强生物活性材料的生产、递送和包装的技术。这种分类方案突出了技术之间的共同点，促进了对未来新兴技术的预测，深入了解了生命科学相关技术的一些驱动因素及技术之间互补或协同作用的基础，有助于分析生物技术相互作用导致有益或潜在有害目的原因。

二、生物技术发展利弊

（一）先进技术改变未来威胁范围

虽然报告关注的是未来5~10年科学和技术能力的演变及影响，但生命科学和相关技术方面可能已经造成了一定的生物威胁。在1996年美国国防部（Department of Defense，DOD）的报告中指出[①]，生物技术和基因工程的发展提供了非常具体的修饰生物剂的方法，从而促进了新一代生物剂的开发，这种生物剂可能比经典生物剂更危险。该报告确定了5种具有潜在危险的新型生物剂，包括：①经过基因改造以产生毒素或生物调节剂的微生物；②对抗生素、常规疫苗和治疗剂具有抗药性的工程微生物；③具有增强气溶胶和环境稳定性的微生物；④免疫学改变的微生物：能够抵抗常规鉴定、检测和诊断方法；⑤包含上述4种类型中任何一种与播散系统的组合。在史蒂文·布洛克（Steven M. Block）1999年发表的一项研究中[②]，描述了6种设想中的未来生物武器：①设计基因、病毒和其他生命体；②设计疾病；③二元生物武器；④将基因治疗作为武器；⑤隐形病毒；⑥宿主跳跃疾病。生物威胁的过去、现在和未来如图3-1所示。

---

① 1996年美国国防部发布的《扩散：威胁和应对》（Proliferation: Threat and Response）。
② 1999年史蒂文·布洛克（Steven M. Block）发表的《新的威胁：面对生物和化学武器的威胁》（The New Terror: Facing the Threat of Biological and Chemical Weapons）。

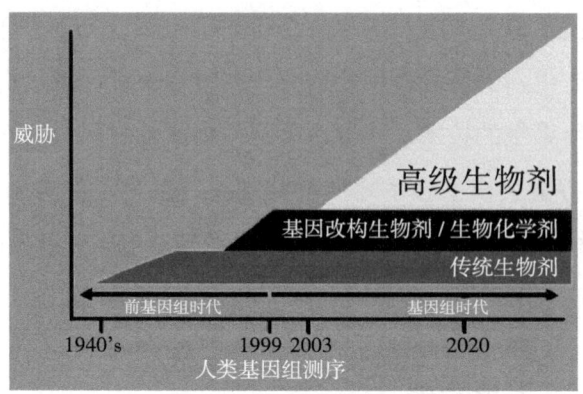

图 3-1　生物技术对生物战威胁的影响[2]

(二) 技术发展的收益

报告的大部分内容都集中在潜在的技术滥用风险上。事实上,研究是基于科学和技术的两用性风险,同样可以从科学和技术发展中获得巨大的收益。生物技术的进步和相关技术在生物医学和农业中的应用带来了巨大的收益。生物技术有望改善营养、清洁环境、延长寿命,并治愈许多疾病。即使是较早的技术,如经典的疫苗技术,也能够根除或减少许多曾经可怕的疾病,如天花、脊髓灰质炎、白喉、破伤风和百日咳。针对 RNA 病毒的反向遗传技术可以使针对新认识的病原体快速开发疫苗成为可能。

在发展中国家,生物技术的广泛应用使资源有限的国家生产廉价疫苗变得可行。然而,生命科学技术的潜在应用远不止研发疫苗。多伦多大学生物伦理学联合中心(Joint Centre for Bioethics,JCB)确定了一些可能在未来 5~10 年内改善发展中国家的人类健康发展的生物技术:分子诊断、重组疫苗、药物和疫苗递送系统、生物修复、病原体基因组测序、生物信息学、组合化学(combinatorial chemistry)等。

除了改善健康,农业还将从生命科学的新发现和不断增长的技术能力中受益,不仅可以提高许多农作物的产量,还可以使农业学家开发针对疾病、害虫或恶劣环境更具抵抗力的动植物。

美国的生物防御能力也将受益于生物技术。扩大疾病监测、提高检测和诊断能力及开发新疫苗和治疗方法,这些对于在发生故意施放或自然发生的生物攻击时做出快速、有效的反应至关重要。

(三)两用性研究困境

随着科学和技术的发展与进步,技术的潜在收益和恶意使用都将更为显著,可用于开发针对 RNA 病毒新疫苗的技术,也可因滥用导致产生致命性疾病的病毒。

以下是两用性研究的例子:

(1)人类病原体完整 DNA 序列的发表。这些信息可在公共数据库中获得,有可能促进新型生物武器的开发和生产。不断扩大的微生物基因组数据库提供了涉及致病性和毒性、宿主细胞黏附和定植、免疫逃避和抗生素耐药性的所有潜在基因,其中可能存在致命的组合。

(2)构造"融合毒素",这种毒素来源于两种不同毒素的基因。这项技术可能被重新用于开发新的毒素,当引入人体宿主时,可以针对任何组织的正常细胞。

(3)开发一种炭疽芽孢杆菌基因工程菌株,该菌株含有一种外来毒素的插入基因,有可能使该生物剂对现有的炭疽疫苗产生耐药性。

(4)开发"隐形病毒",这种病毒可以逃避人类免疫系统,可作为分子载体,将治疗性基因引入遗传性疾病患者体内,或表达毒素等不需要的蛋白质。

(5)发表 1997 年流感和 1918 年流感两种高毒力流感病毒株的分子细节。一些实验室正试图对 1918 年流感病毒株的所有基因进行测序并发表,以便为它的再次出现做好准备。1918 年流感病毒导致 2000 万~4000 万人死亡,这样的工作可能有助于控制流感,但也使人们更容易以恶意目的重新构建高致病性的 1918 年流感病毒。

(6)对烟草植物进行基因工程,以生产霍乱毒素,这使得理论上有可能以低成本和相对容易的方式大量生产这种毒素。

(7)恶意使用生物剂,如将肉毒杆菌毒素释放到美国的牛奶供应中,这可能会使数十万人中毒。

三、新兴生物技术及应用

(一)获得新的生物或分子多样性

1. 基因合成(DNA synthesis)

基因合成是一种可以从头开始生成基因序列的技术,这些基因序列可表达出特定的蛋白质。在过去的几年中，该领域取得了显著的技术进步，特别是在合成更长的DNA方面。基因合成技术可以作为生产高价值化合物的替代方法，无论是用于疫苗还是治疗性研究和开发，其都可以允许高效、快速地合成病毒和其他病原体基因组。

2. DNA改组（DNA shuffling）

DNA改组是生成新DNA序列能力的巨大飞跃，可用于产生大型DNA文库，然后对其进行筛选，产生一系列所需的性状，如改善蛋白质功能或提升蛋白质产量。一些研究已经发现，通过DNA改组技术可以提高生物体对于抗生素的抗性[3]。

3. 生物勘探（bioprospecting）

生物勘探是寻找未被发现的自然资源，以及可以用于医学、农业和工业的材料来源。生物勘探不仅限于植物，通过使用分子检测方法，科学家们发现了大量未识别的微生物。生物勘探应用于生物剂的发现，可更好地了解环境中微生物的多样性。通过有意识地检测当地环境中以前未被识别的微生物，可以为潜在的致病因子提供早期预警。

4. 组合化学（combinatorial chemistry）

组合化学是指用于快速创建大量合成化合物的技术，通常用于筛选针对药物靶标的活性。当与高通量测序技术结合使用时，组合化学技术将大大加快生物剂发现过程，同时降低与生物剂发现工作相关的前期成本。虽然这种情况尚未得到证实，但大多数制药公司仍然在组合化学方面投入巨资，并正在探索开发和实施新方法以创建额外的化合物库。

制药行业使用组合化学和高通量测序方法，每年合成和筛选数百万个新的潜在配体。尽管大多数公司对每年被确定为有毒的数以万计的化合物几乎没有使用，但其仍具有作为生化武器的潜力。

5. 高通量测序（high-throughput sequencing，HTS）

高通量测序是指以快速有效的方式检测大量不同的生物分子或化合物以检测感兴趣性质的过程。这些技术对于从构建大型和多样化的化合物库中获得收益至关重要,因为它们用于筛选具有所需性质的特定化合物。

(二)定向设计

1. 药物理性设计(rational drug design)

随着化学合成方法的不断进步,理性设计的分子用于药物成为可能。虽然药物理性设计受到了制药行业的极大关注,并被公认为具有巨大的未来潜力,但对靶向分子结构的测定仍是药物研发的关键。与核酸数据库一样,蛋白质结构越来越多地被公开,理性药物设计也具有两用性风险。

2. 合成生物学(synthetic biology)[3]

合成生物学领域同样吸引着工程师和生物学家。工程师们主要将其视为完成当前技术无法做到的事情。与系统生物学家不同,合成生物学家将系统简化为最简单的组成部分,他们创建遗传回路,并研究其是否有效。

合成生物学技术有许多潜在的应用,包括设计可以检测化学或生物剂特征的细菌、可以清理环境污染物的工程细菌,以及可以诊断疾病或修复错误基因的工程生物或化合物。虽然最初的努力集中在微生物细胞上,但一些合成生物学家想象有一天能够将成体干细胞用于治疗目的。

3. 病毒基因工程(genetic engineering of viruses)

重组DNA技术的发展及操纵大肠杆菌等细菌物种DNA序列的能力发展,使得几乎任何基因插入几乎任何一种原核或真核细胞的能力成为可能。随着1918甲型H1N1流感病毒的完整基因组测序,一些人质疑这些研究是否应该在公开文献中发表,因为他们担心恐怖分子可能会利用这些信息来重构1918年流感病毒。因此,NSABB被要求在这些论文发表之前考虑其内容的两用性,并确定是否未来使用这项研究的科学收益远远超过潜在的误用风险。

(三)生物系统的理解和操作

1. RNA干扰(ribonucleic acid interference)

RNA干扰也称为RNAi和RNA沉默,是指在进化过程中高度保守的,由双链RNA(double-stranded RNA,dsRNA)诱发的同源mRNA高效特异性降解的现象,被认为是植物中常见的抗病毒防御机制,也包括哺乳动物在内的许多其他生物体的常见现象。与许多生物技术一样，RNAi可以为癌症和其他疾病提供新的治疗手段，也可以用来操纵基因表达，造成伤害。

2. 系统生物学（systems biology）

系统生物学使用高通量的全基因组工具研究涉及分子网络的复杂相互作用。生命科学界越来越多的研究人员正在认识到系统生物学工具在分析复杂的调节网络及理解正在迅速积累的大量基因组和蛋白质组学数据集方面的可用性。系统生物学方法可以提供对疾病相关过程如何相互作用和控制的认识，指导新的诊断和治疗方法，并实现更具预测性、预防性和个性化的医学。

3. 基因组医学（genomic medicine）

基因组医学是指对个体患者进行快速基因组和蛋白质组学分析的技术。人类遗传变异与许多疾病有关，随着技术的进展，研究人员已经开始了解人类遗传变异对疾病治疗的影响。

4. 稳态系统调节（modulators of homeostatic systems）

识别分子回路、探索控制身体的每种细胞类型，以及了解导致疾病的因素，是当代生物学的主要研究主题。现代药物也越来越多地基于针对疾病的某一特定分子病变而设计。对人体细胞、组织和器官中稳态分子回路的组成和调节的逐步了解及揭示，也可能带来两用性风险。

（四）生产、递送和"包装"

1. 生物制药（biopharming）

生物制药是从大规模培养的生物体和农作物中收集生物活性分子，用作工业产品和药品的成分。生物制药的一个新优势是以农作物为基础生产疫苗和抗体。使用转基因植物作为生物反应器将消除与该过程相关的设备的需求。

2. 微流控和微加工（microfluidics and microfabrication）

微流控和微加工是目前快速发展的技术之一，其中各种过程和操作以微型规模和自动化方式进行。微流控技术又被称为芯片实验室（lab-on-a-chip）。微流控技术最新的诊断方面进展包括DNA分析、免疫测定、细胞分析和酶活性测量。

3. 气溶胶技术（aerosol technology）

在生物医学研究中，气溶胶技术围绕使用吸入颗粒物作为治疗人类疾病的手段。与口服递送相比，气溶胶化递送的优势包括快速的给药速度。气溶胶技术的生物医学进步有望改善药物递送和提高患者的舒适度。一些公司正在寻求雾化胰岛素递送作为注射胰岛素的替代品。一旦证明长期使用是安全的，雾化胰岛素递送的发展也将更进一步。气溶胶递送也正在探索如何成为基因治疗的一种手段。

4. 微胶囊技术（sicroencapsulation technology）

微胶囊技术是将微量物质包裹在聚合物薄膜中的技术，是一种储存固体、液体、气体的微型包装技术。技术初期，化学微胶囊的概念引起了制药业的兴趣，作为可以提供持续控制释放的替代药物递送模式。研究人员利用和研究微胶囊化技术，使活性成分更稳定或可溶，以改善药物递送。目前，微胶囊化技术正被用于处理水、食品、农业和化妆品行业等。

5. 基因治疗

基因治疗是指将外源正常基因导入靶细胞，以纠正缺陷和异常基因引起的疾病，以达到治疗目的。基因治疗仍然是试验性的，迄今为止进行的大多数研究都是在动物试验中进行的。尽管已经取得了实质性进展，但在基因治疗成为个体疾病的标准治疗之前，还需要进一步完善。

四、建议

（一）促进生命科学领域信息自由和公开交流

1. 确保在最大程度上，基础研究的成果分享不受限制

生命科学依赖于开放的研究环境，在这种环境中，信息和思想的自由交流使学者们能够更便捷地进行信息沟通。此外，将科学结果开放审查，可以尽早识别和纠正错误。限制生命科学信息交流可能会阻碍科学机构发现潜在威胁的能力。公开交流不仅对于发现潜在威胁是必要的，而且对于制定有效的协调措施也是必不可少的。

2. 确保实施的生物安保政策或法规在科学上是合理的

尽管生命科学研究的监管环境在几十年中发生了变化，但美国正在从基于自愿遵守的研究环境转变为基于实施和执行法规和条例的研究环境。必须仔细和科学地评估相关的拟发布政策或法规，以确保它们利大于弊。

3. 促进国际科学交流和外国科学家在美国的培训

对外科学交流是科学文化不可分割的重要组成部分。禁止或阻止国际科学交流，包括外国学生和科学家在美国参与活动，可能会阻碍科学和技术的发展，并对生物防御产生意想不到的后果。

（二）对当下和未来威胁采取更广阔的视角

1. 认识到某些危险生物剂清单存在的局限性

一些危险生物剂清单具有一定的局限性，存在潜在风险的病原体远比清单上所列病原体要多，危险生物剂清单没有包括那些通过RNA病毒反向遗传学、合成生物学等新兴技术产生的病原体或毒素。此外，清单上一些病原体的危险性也需要重新判断。

2. 在传统生物剂和其他致病病原体或毒素之外，扩大对威胁的认识

美国需要扩大对威胁范围的认识，建立相关机制以确保定期回顾科技进步所带来的潜在风险。这一过程需要采用更新的科学方法，以便对总体风险进行更严格地评估。

（三）加强和提高国家安全界的科学和技术知识

1. 创建一个独立的科学和技术咨询小组

国家安全界及其对未来生物威胁的评估必须由现有的科学专业知识提供信息。因此，委员会建议成立一个独立的咨询小组，与国家安全界密切合作，根据对当前和未来的科学和技术状况及当前情报的分析，预测未来的生物威胁。

2. 提供关于技术进步及其对未来生物武器开发和使用的潜在影响的信息

委员会认为需要建立一个可及时预测的系统，以识别并迅速有效地应对新出现的威胁。如果国家安全和公共政策界想要完成这一使命，就必须充分了解与生命科学相关的各学科知识。委员会认识到国家安全界在这一领域尚未解决和持续

面临的一些挑战，在收集关于可能恶意使用生物剂和可采取的阻止恶意使用生物剂的情报方面面临大量信息的挑战。随着生命科学及其相关使能技术的快速发展和传播，这些挑战会越来越大。

3. 在国家安全领域建立强大且持续的生命科学和相关技术分析能力

委员会将人才视为国家安全界在生命科学和相关技术方面建立内部专业知识的最重要资源。因此，国家安全界应提供相应手段，雇用科学界具有专业知识的人员。

4. 鼓励国内科学界与国际相关组织对生物威胁进行分析

生命科学和相关技术遍及全球各个角落。潜在威胁跨越国界，解决方案也是如此。国际合作在应对未来生物威胁方面的作用是不可忽视的。无论何时何地，对潜在生物威胁的分析和评估都应跨越国际边界进行共享。

（四）促进共同的责任感

1. 承认国际公约的价值，包括1972年《禁止生物武器公约》和1993年《禁止化学武器公约》（Chemical Weapons Convention，CWC）

尽管有其局限性，但《禁止生物武器公约》和《禁止化学武器公约》在阐明国际行为和行为规范方面具有重要价值，委员会建议将这些公约作为未来国际讨论和合作的基础以应对生物威胁。

2. 为生命科学家制定明确的行为准则和伦理标准

委员会审查了防止生命科学进步中可能应用于生物武器的发展或传播的伦理准则。

3. 支持促进发展中国家有益使用技术的计划

发展中国家本身正在大力利用生物技术和其他新兴技术来满足其需求。生物技术、纳米技术和其他新兴技术有可能通过解决疾病和粮食问题等改善人类安全。发展中国家科学、技术和创新体系的结构改革，对于实现联合国千年发展目标至关重要。

4. 建立全球分布和适应性强的机制，在生命科学衍生的工具和技术被恶意应用时，具有监测和干预能力

委员会设想建立一个全球分布的网络，由具有相关知识的科学家组成，他们

有能力识别知识或技术何时被不当使用或恶意滥用。相关干预形式包括在具有潜在恶意时向国家当局报告此类活动。

(五)加强公共卫生基础设施及应对和恢复能力

1. 提高应对能力,加强地方、州和联邦公共卫生机构的协调

许多不同联邦部门(如国土安全部、卫生和公众服务部、司法、国防)的应对应得到有效整合,并确保它们与地方和州政府及公共卫生机构充分互动。开发一种有效的方式整合多个政府部门的应对措施,将为国家提供必要的"工具"来应对未来的任何挑战。

2. 加强与人群疾病暴发相关的早期识别能力

需要努力提高卫生保健和公共卫生界的能力,以迅速发现由故意释放生物剂在人类、植物和动物种群中引起的疾病暴发。理想情况下,监测系统应足够灵敏,能够识别疫情的出现,对其性质进行分类,并确定受影响的人群,以便能够迅速有效地控制疫情。

3. 提高诊断宿主暴露于生物剂的早期识别能力,并诊断它们引起的疾病

建立具体诊断措施对于实施公共卫生应对生物恐怖主义相关事件至关重要,因为诊断将指导特定疗法、免疫接种和其他干预措施的使用。努力提高初级保健和专科临床医生对生物剂释放引发疾病暴发的可能性的认识。对潜在威胁的范围有更广阔的视角至关重要,特别是在基因工程可能改变相对无害微生物的致病性的时代,迫切需要提高临床医生检测、报告和应对生物攻击的能力。

4. 为开发和生产针对各种生物威胁的新型预防和治疗剂提供激励措施

拥有有效的疫苗不仅有助于保护美国公民和军事人员,而且在限制生物武器的有效性方面也将起到一定的作用。开发或改进已经引起关注的特定生物剂(如炭疽、天花、流感)的疫苗,并迅速生产新的疫苗以应对新的威胁,包括生命科学进步可能带来的威胁。然而,由于市场不确定,制药和疫苗行业的公司几乎没有经济动力来开发新的疫苗或生物威胁生物剂的治疗方法,政府在这些领域要发挥更大的作用。

资料来源

[1] National Research Council and Institute of Medicine. Globalization, biosecurity, and the future of the life sciences[M]. Washington, D.C.: National Academies Press, 2006.

参考文献

[1] National Research Council and Institute of Medicine. Globalization, biosecurity, and the future of the life sciences[M]. Washington, D.C.: National Academies Press, 2006.

[2] INGLESBY T V, HENDERSON D A. Biosecurity and Bioterrorism: Biodefense Strategy, Practice, and Science. A decade in biosecurity. Introduction[J]. Biosecur bioterror, 2012, 10（1）: 5.

[3] 田德桥. 生物技术安全[M]. 北京: 科学技术文献出版社, 2021: 32-33, 79.

推荐阅读

[1] CRACRAFT J. A new AIBS for the age of biology[J]. Bio. science, 2004, 54（11）: 979.

[2] COUZIN J. Breakthrough of the year: small RNAs make big splash[J]. Science, 2002, 298（5602）: 2296-2297.

[3] FORTINA P, KRICKA L J, SURREY S, et al. Nanobiotechnology: the promise and reality of new approaches to molecular recognition[J]. Trends in biotechnology, 2005, 23（4）: 168-173.

[4] CARLSON R. The pace and proliferation of biological technologies[J]. Biosecur bioterror, 2003, 1（3）: 203-214.

[5] PETRO J B, PLASSE T R, MCNULTY J A. Biotechnology: impact on biological warfare and biodefense[J]. Biosecur bioterror, 2003, 1（3）: 161-168.

第四节 生命科学及相关领域：与《禁止生物武器公约》相关的趋势

2010年10月31日，美国国家科学院在中国科学院生物物理研究所组织召开了题为《生命科学及相关领域：与〈禁止生物武器公约〉相关的趋势》（Life Sciences and Related Fields: Trends Relevant to the Biological Weapons Convention）的国际研讨会并发布了相应报告[①]，讨论了生物技术在免疫学、神经科学、合成生物学等不同领域的最新进展及其对《禁止生物武器公约》的影响。

一、报告背景

美国国家研究委员会组织了一个拥有大量国际成员的特定委员会，其目的为：

（1）举办一次国际研讨会，研判科学技术领域的关键趋势，这些趋势可能与开发新的或更致命的生物武器有关或可能与潜在预防和应对生物攻击的检测、诊断、治疗或疫苗的发展有关。研讨会上讨论的科学发展可能涉及免疫学、神经科学、合成生物学、气溶胶和其他受控递送机制等领域。

（2）完成一份研讨会的报告，根据研究委员会的共识，提供关于研讨会讨论主题的科学状况的研究报告。该报告还将探讨对《禁止生物武器公约》的潜在影响。

科学家、政策制定者和民间社会长期以来认识到，科学知识和技术的应用带来了巨大的益处，但也可能创造出可能导致伤害的产品。

在安全性方面，如图3-2所示，生命科学技术有一个层次结构，从基本的实验室技能开始，到系统生物学和合成生物学等复杂的研究领域。在日益复杂的每个层面上，在科学理解方面取得了根本性进展，并创造如新疗法之类的产品。这些进展也具有两用性风险，因为它们可能产生用作生物武器的毒素或病原体，或改

---

① 报告由与《禁止生物武器公约》有关的科学和技术趋势委员会（Committee on Trends in Science and Technology Relevant to the Biological Weapons Convention）、生命科学委员会（Board on Life Sciences）等共同完成。罗德里克·弗劳尔（Roderick J. Flower）是与《禁止生物武器公约》有关的科学和技术趋势委员会、英国药理学学会［British Pharmacological Society（2000—2003）］主席，也是报告负责人。他是英国伦敦威廉·哈维研究所（William Harvey Research Institute）的生化药理学教授[1]。

进其递送方式。

合成化学技术可以用来创造新的药品，但这种技术可以用于合成用于武器的化学品。基因组学和蛋白质组学等现代组学科学与重组 DNA 和细胞转染等领域的分子生物学技术相结合可用于产生有益的生物产品，如单克隆抗体和治疗性蛋白质，这些技术的知识也可用于产生来自病原体的蛋白质毒素；其细胞损伤特性可用于对抗癌症，但也可能被用于毒素武器。理解影响基因表达的机制的进展可用于沉默靶向基因，但也可能产生危害。

生物反应器等生命科学生产技术也有两用性风险，能够以难以察觉的方式大规模生产生物武器材料。

快速发展的领域，如系统生物学和合成生物学的研究有望带来更好的对生理过程的理解，并最终实现生物体的合理设计和操纵。

需要说明的是，某一科学技术或研究领域本身既不有益也不有害，科学知识可以应用于多个目的，可能具有合法和有益的目的，但在某些情况下可能需要额外的生物安全监管措施。

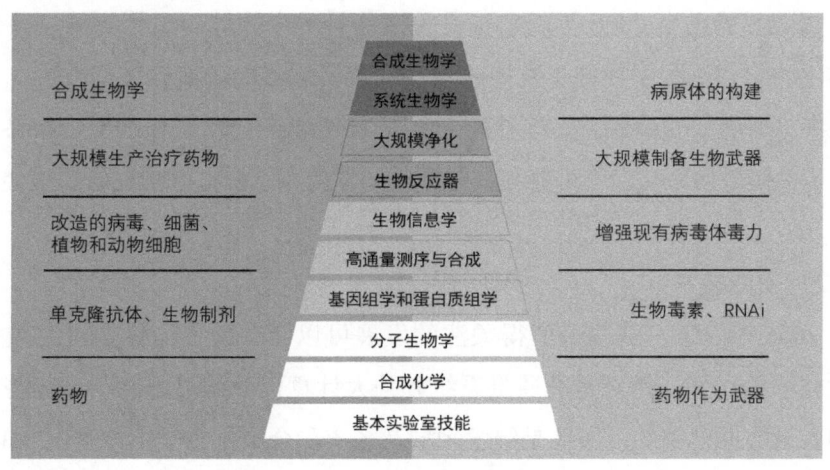

图 3-2　生命科学的两用性 [2]

二、生物技术发展现状

会议广泛调查了生命科学的发展，虽然未能深入讨论所有可能的领域，但确定了主要主题，考虑了这些科学技术发展可能与《禁止生物武器公约》相关的方式。

(一)广泛的生命科学技术领域

预计在可预见的未来,在学术、商业和政府影响的推动下,生命科学研究将继续迅速发展。从组学技术和免疫学、神经科学和系统生物学等领域的研究中产生的大量数据和信息正在为科学家提供支持,以更好地了解生物系统内的过程。这些领域的研究有助于支持对人类、动物和植物差异及其与疾病的关系的更全面理解。科学家们正在积极寻求在多个生物学层面整合信息,以改善生物学理解并支持理性设计。因此,科技的进步正在增加对生物系统的整体理解。

在分子生物学和合成生物学方面已经取得了重要的里程碑,预计在这些领域内非常活跃的研究将在全球范围内继续进行。生物系统的复杂性及这种复杂性给生物系统的有效理解和设计带来的挑战仍然是重大障碍。在可预见的未来,这种复杂性可能仍然是生物系统的一个决定性特征。例如,由于这种复杂性,生物有机体的从头开始设计可能在未来几年内无法实现。虽然生物体的遗传修饰在今天已经是可能的,并且相对简单,但许多生物相互作用的复杂性和随机性可能使新修饰的结果变得不可预测。

生物传感器是自2006年以来备受关注的另一个领域。尽管支撑这些传感器开发的生物学和工程学在稳步发展,但在实现目标方面仍然存在局限性。

最终,研究委员会指出,多个平行的科技领域正在发展和进步。如果一个领域取得了关键进展,它们就可能与其他领域的发展相结合,以实现新的机会和新的应用。

(二)使能技术

自2006年以来,一些最值得关注的发展可以在支持生命科学研究重大进步的使能技术中找到,特别是高通量系统和强大计算资源的可用性。对这些资源的获取和大量数据存储的可用性是组学领域及系统和合成生物学中许多发展的基础。这些使能技术正在帮助推动整个生命科学研究以更快的速度向前发展。

在支持生命科学研究的使能技术的获取和强大功能方面,计算及高通量实验室技术,都取得了特别快的进展。通过专门的独立计算机和分布式计算网络,研究人员可用的计算能力不断增加。高通量样品处理和分析方法的使用已经变得普遍,这些工具提高了研究人员进行研究的速度及他们获得的数据量。

高通量分析工具和计算资源的使用正在使生命科学更快地发展成为可能，而互联网和其他形式的电子和移动通信的快速全球传播显著实现了全球科学合作和科学信息的传播。

这些发展对《禁止生物武器公约》有几个方面的影响。第一，这些技术是生命科学领域其他发展的基础，有助于提高与《禁止生物武器公约》有具体关系的领域取得进展的速度。例如，高通量技术产生大量数据，以促进免疫学和神经科学等领域的系统生物学理解，而计算能力则用于解决蛋白质结构等问题，并作为筛选治疗候选生物剂的一部分。第二，通信技术在全球的广泛使用，以及在线和开放获取等模式，使控制或限制获取科学知识变得更加困难。

（三）科技发展相关的机遇与挑战

一方面，科技进步和发展带来了与《禁止生物武器公约》相关的潜在挑战，如一项新的技术发展有可能超出其限制范围。科学界在2006年第六次《禁止生物武器公约》审议大会之前举行的研讨会上也得出了这一结论。生命科学多领域的快速发展可能会对跟踪监管和评估未来的生命科学研究构成挑战。

另一方面，科技的进步也为解决《禁止生物武器公约》的具体问题提供了机会。例如，基因组学、系统生物学和免疫学的发展带来了新的研究思路。高通量测序工具和生物信息学等可以更合理地设计疫苗，以及更好地了解免疫系统、病原体毒力及如何调节这些相关因素，这对于疫苗的有效研发至关重要。

三、生命科学研究的应用

（一）疾病监测和应对系统

生命科学技术对《禁止生物武器公约》贡献的一个关键领域是开发人类、动物和植物疾病的监测、检测和识别系统，还包括开发疫苗和研究医学应对措施，以预防和应对人类和动物疾病的暴发，以及开发有效杀虫剂。越来越多的《禁止生物武器公约》缔约国认识到如何使用多种手段和方法来支持《禁止生物武器公约》的实施。

传感器、微生物法医学（microbial forensics）和其他实验室检测、流行病学监测和疫苗研究在内的研究方法组合有助于开发有效的疾病监测应对系统。此外,国际合作在疾病监测和应对方面也至关重要。

(二)微生物法医学

2001年美国炭疽邮件的调查突出了微生物法医学在支持病原体鉴定和溯源方面的作用,并推动了微生物法医学检测工具和方法的发展。

微生物法医学的技术进步除了可以对恶意使用生物剂的活动进行调查,还可以用于促进开发生物监测和检测系统。微生物法医学为世界各地支持《禁止生物武器公约》的研究工作提供了一个开发生物监测和检测系统的机会。

(三)传统研究机构之外的研究

1. 让学生参与早期实践研究

国际基因工程机器竞赛(International Genetically Engineered Machines Competition,iGEM)于2003年创办于麻省理工学院,主要是为本科生团队提供各种标准材料、工具,用于设计新的生物系统。

2. 自己动手的生物学(DIY bio)

业余生物学界内部越来越多地与操纵DNA及合成生物学联系到一起。一些网站(http://diybio.org/)列出了主要在美国和欧洲的多个主要城市的业余生物学家。

四、生命科学研究的多学科融合

生命科学研究不仅利用生物学的专业知识,还越来越多地利用来自工程、数学、计算机科学、化学、材料科学和许多其他学科的专业知识。

(一)化学和生物学的融合

人们越来越关注化学和生物学的融合,以及这种融合可能对签署《禁止生物武器公约》和《禁止化学武器公约》的缔约国在履行义务方面产生的影响。从一开始,《禁止生物武器公约》和《禁止化学武器公约》在对具有生物效应的分子的覆盖范围上就有重叠。《禁止生物武器公约》明确表明,该公约涵盖无论是天然的还是合成的;无论其来源、生产方式及组成部分的病原体或毒素。同时,《禁止化学武器公约》包含无论其来源或生产方式;无论其对生命过程的化学作用,如可对人类或动物造成死亡、暂时丧失能力或永久伤害的任何化学物质。所有生物分子从根本上来说都是化学物质,研究化学物质对生命过程造成的伤害及对策都基于生物和化学科学。

化学和生物学之间的日益融合聚焦于科技进步如何改变毒素、调节剂和药物等分子的可能生产方法。特别是，科技的发展使生物分子的化学合成和化学物质的生物合成成为可能。虽然毒素和调节剂等物质是由生物体自然产生的，但合成方法的进步越来越多地允许它们通过化学手段制造。病毒和小细菌的基因组也可合成创建。使用核苷酸和使用氨基酸进行化学合成都变得更快、更容易，同时相关成本正在降低。

在药物等化学品的生产中使用生物分子和生物系统也是可行的。可以使用分子生物学、遗传学和细胞培养技术来创造能够产生特定蛋白质和肽的重组细菌和转基因生物是众所周知的，并已被制药行业利用生物制品及包括植物在内的转基因系统生产蛋白质。在生物系统中设计代谢途径的可能性也越来越大，这些途径可以产生其他类型的化学药物。

生物活性分子（如生物调节剂和生物毒素）属于中间谱系，生物调节剂被描述为非传统威胁剂。随着生命科学和化学科学的持续快速发展，《禁止生物武器公约》和《禁止化学武器公约》之间的重叠领域可能继续以下列方式扩大：

（1）知识的进步将导致更多属于重叠区域的分子（如毒素）被发现。

（2）正在进行的研究将了解相关生物分子的作用机制、在生理系统中的作用及其调节。

（3）生物和化学生产技术将取得持续进展，如在转基因动植物系统、小规模细胞培养生物反应器中更容易生产蛋白质、肽和药物。

（4）递送技术的进步将继续解决如快速降解和需要向细胞和组织（包括中枢神经系统）靶向递送等限制问题，从而有可能使递送生物调节剂等更加可行。

（5）体现科学融合的新研究领域，如合成生物学将继续发展。

（6）这种融合要求在执行《禁止化学武器公约》和《禁止生物武器公约》方面进行更密切的互动。

（二）生命科学学科融合的相关挑战和机遇

多年来，对《禁止生物武器公约》相关科技领域的讨论涉及的不仅仅是传统的生物剂，物理科学、工程科学和数学科学与生物科学的日益融合不断扩大了这些讨论的范围。科技相关领域的不断扩大可能会给《禁止生物武器公约》和科学界带来一些挑战。随着生命科学研究越来越多地借鉴其他学科的知识和技术，跟踪科学发展状况和评估其潜在影响所需的专业知识范围也在扩展。《禁止生物武器公约》一直在努力使生命科学界的成员参与进来。这些努力继续促进公众对《禁止生物武器公约》及其规范和要求的认识。

学科的融合可能对《禁止生物武器公约》和《禁止化学武器公约》的实施构成挑战。新的科学发展可能会改变或扩大可能作为生物或化学武器而引起关注的生物剂种类。

尽管存在这些潜在的挑战，但生命科学中多个学科的融合仍然是一个令人兴奋的趋势。

五、科学技术趋势评估

（一）科技发展的驱动因素

研究委员会讨论了生命科学研究的一些常见驱动因素，这些驱动因素推动了科技领域继续快速发展。

商业市场是生命科学研究的强大驱动力，包括医疗保健和制药行业及农业和能源等行业。研讨会讨论的几个科技领域似乎具有进一步发展的商业驱动力，其中包括生物传感器、先进递送技术、蛋白生产技术及组学知识在个性化医疗等领域的潜在应用。合成生物学等领域可能具有未来的医学应用，也有望在生物能源和食品生产等领域产生有价值的应用。

（二）科技与《禁止生物武器公约》的相关性

研讨会的主题之一是科技与《禁止生物武器公约》的相关性。这种相关性超出了对滥用微生物学制造病原体武器的担忧，科技进步的冲击也影响了公约的履行。

研讨会上讨论的许多科技领域可能与《禁止生物武器公约》的范围及其实施有关，应定期审查科技进展，确定是否有新的发展超出了公约的当前范围。表3-1列出了科技发展与《禁止生物武器公约》的相关性。

表 3-1　科技发展与《禁止生物武器公约》的相关性

《禁止生物武器公约》	科学技术发展
本公约各缔约国承诺在任何情况下决不发展、生产、储存或以其他方法取得或保有：①凡类型和数量不属于预防、保护或其他和平用途所正当需要的微生物剂或其他生物剂或毒素，不论其来源或生产方法如何；②凡为了将这类生物剂或毒素用于敌对目的或武装冲突而设计的武器、设备或运载工具	公约适用于研讨会上讨论的任何生物科学技术，包括使用合成技术、材料科学技术、纳米科学技术用于开发靶向毒素和基因递送系统
本公约各缔约国承诺尽快但至迟应于本公约生效后9个月内，将其所拥有的或在其管辖或控制下的凡属本公约第一条所规定的一切生物剂、毒素、武器、设备和运载工具销毁或转用于和平目的。在实施本条规定时，应遵守一切必要的安全预防措施以保护居民和环境	生物传感器等检测和监测技术领域的科技进步可发挥作用 疫苗和医学应对措施开发方面的进展可能有助于在销毁过程中采取安全预防措施
本公约各缔约国承诺不将本公约第一条所规定的任何生物剂、毒素、武器、设备或运载工具直接或间接转让给任何接受者，并不以任何方式协助、鼓励或引导任何国家、国家集团或国际组织制造或以其他方法取得上述任何生物剂、毒素、武器、设备或运载工具	科学界负责任的行为规范有助于建立一个良好的防止滥用的环境。提高技术和服务的重要性及为研究界提供良好的产业伙伴关系也有助于促进良好环境的建立。科学界和工业界也可以与政策和法律界合作，在监管和科学进步之间取得适当的平衡
本公约各缔约国应按照其宪法程序采取任何必要措施以便在该国领土境内，在属其管辖或受其控制的任何地方，禁止并防止发展、生产、储存、取得或保有本公约第一条所规定的生物剂、毒素、武器、设备和运载工具	科技进步可能需要缔约国采取额外的立法或监管步骤，将其纳入国家法律和条例。 科技和获取科技的机会增加可以使恐怖分子和其他非国家团体更容易开发和生产生物武器，同时科技的发展正在改变各国打击、预防、应对生物恐怖主义的能力。 科学界对禁止滥用的道德规范和法律义务的认识，以及参与相关讨论，对于支持该公约很有价值
本公约各缔约国承诺，在解决有关本公约的目标所引起的或在本公约各项条款的应用中所产生的任何问题时，彼此协商和合作。本条所规定的协商和合作也可在联合国范围内根据《联合国宪章》通过适当国际程序进行	科技发展有助于支持缔约国执行《禁止生物武器公约》的规定。特别是生物传感器、植物和动物疾病监测系统及微生物法医学的发展可能有助于监测和调查开发、获取或使用生物剂的潜在情况。 有助于支持《禁止生物武器公约》执行工作其他方面的国际合作——在科学研究、科学疾病监测和识别，以及疫苗和治疗方法的开发和制造，也促进了透明度，并有助于创造条件，使对可能风险的任何担忧都可以以合作的方式进行讨论

续表

《禁止生物武器公约》	科学技术发展
(1) 本公约任何缔约国如发现任何其他缔约国的行为违反由本公约各项条款所产生的义务时,需向联合国安全理事会提出控诉。这种控诉应包括能证实控诉成立的一切可能证据和提请安全理事会予以审议的要求 (2) 本公约各缔约国承诺,在安全理事会按照《联合国宪章》条款,根据其所收到的控诉而发起进行的任何调查中,给予合作。安全理事会应将调查结果通知本公约各缔约国	科技有助于调查涉嫌滥用生物材料的事件。在基因组学和其他组学领域的基础上建立微生物法医学,可能有助于查明病原体的来源,这是与《禁止生物武器公约》特别相关的一个领域。其他检测和监测系统(例如,生物传感器、疾病监测网络)也可能有助于提供事件发生的证据,并确定是否为自然暴发、意外释放或故意行为
本公约各缔约国承诺,如果安全理事会断定由于本公约遭受违反而使本公约任何缔约国面临危险,即按照《联合国宪章》向请求援助的该缔约国提供援助或支持这种援助	科技可以通过分享微生物取证、疾病监测、疫苗开发、治疗和预防等领域的科学信息和能力,提高生物防御和国家应对能力
本公约各缔约国确认有效禁止化学武器的公认目标,并为此目的承诺继续真诚地谈判,以便早日就禁止发展、生产、储存这类武器和销毁这类武器的有效措施,以及就有关以武器目的生产或使用化学剂所特别设计的设备和运载工具的适当措施,达成协议	研讨会期间讨论的科技发展也有助于应对潜在的化学武器威胁
(1) 本公约各缔约国承诺促进—并有权参与—尽可能充分地交换关于细菌(生物)剂和毒素用于和平目的方面的设备、材料和科技情报。有条件这样做的各缔约国也应进行合作,个别地或同其他国家或国际组织一起,在为预防疾病或为其他和平目的而进一步发展和应用细菌学(生物学)领域内的科学发现方面做出贡献 (2) 在实施本公约时,应设法避免妨碍本公约各缔约国的经济或技术发展,或有关细菌(生物)的和平活动领域内的国际合作,包括关于按照本公约条款用于和平目的的细菌(生物)剂和毒素,以及加工、使用或生产细菌(生物)剂和毒素的设备方面的国际交换	科技发展有助于以和平和有益的目的有效利用科学。互联网等使能技术促进了科学合作和信息共享。 科学界还可以通过培养意识、自治和负责任的行为文化,以及利益攸关方的讨论来实现安全目标,同时不过度限制合法和有益的研究

六、总结

报告讨论了广泛的科技发展及其影响，概述了可能对《禁止生物武器公约》的影响。

1. 生命科学的快速发展

生命科学研究继续迅速发展，基因组学、系统生物学、免疫学、神经科学和许多其他领域的研究正在提高对复杂生物过程的理解。与此同时，支持生命科学研究的许多使能技术的可用性也在不断增长。

2. 研究能力的提升

研讨会强调了越来越多的全球研究能力和科技领域的国际合作。疾病监测和微生物法医等领域的例子清楚地说明了国际合作能够支持《禁止生物武器公约》。报告考虑了可能加强或阻碍相关科技领域发展和研究能力持续扩散的若干因素，同时指出了继续评估和理解这些对《禁止生物武器公约》的影响。

3. 生命科学与其他学科的融合

生命科学研究不仅利用生物学家的专业知识，还越来越多地利用来自物理科学、工程和计算科学等多个学科的科学家的专业知识。因此，监测和评估科技发展也需要越来越多的专业知识。例如，探索和明确化学和生物学之间重叠的科学问题，这些问题可能对《禁止生物武器公约》和《禁止化学武器公约》产生潜在影响。

通过以上3个方面的研究，研究委员会得出以下结论。

结论一：科技进步促进了对生物系统的整体理解和利用。

结论二：使能技术，如高通量实验室技术、计算机技术、通信技术等取得了显著进展。

结论三：包括生命科学、化学科学、物理科学、数学科学、计算科学和工程科学在内的多个学科正在融合。这一趋势将继续下去，并将影响《禁止生物武器公约》和《禁止化学武器公约》。

结论四：生物反应器等研究领域及利用转基因生物体产生商业或医药蛋白取得了巨大的进展，对《禁止生物武器公约》产生影响。

结论五：微生物法医学的发展表明，来自世界各地的生命科学研究可以支持

《禁止生物武器公约》更好地实施，可以更好地调查自然和蓄意的疾病暴发。

结论六：在生物传感器等方面取得了显著的技术进步。

结论七：改进的生物传感器、流行病学监测、疫苗研究、微生物法医学和其他实验室检测在内的方法结合有助于在全球范围内建立有效的疾病监测和应对系统。

资料来源

[1] National Research Council. Life sciences and related fields: trends relevant to the biological weapons convention[M]. Washington, D.C.: National Academies Press, 2011.

参考文献

[1] National Research Council. Life sciences and related fields: trends relevant to the biological weapons convention[M]. Washington, D.C.: National Academies Press, 2011.

[2] National Research Council. Trends in science and technology relevant to the Biological and Toxin Weapons Convention: summary of an international workshop[M]. Washington, D.C.: National Academies Press, 2011.

推荐阅读

[1] ATLAS R M, DANDO M. The dual-use dilemma for the life sciences: perspectives, conundrums, and global solutions[J]. Biosecur bioterror, 2006, 4（3）: 276-286.

[2] HESS A M, ROTHAERMEL F T. Intellectual human capital and the emergence of biotechnology: trends and patterns, 1974—2006[J]. IEEE transactions on engineering management, 2012, 59（1）: 65-76.

[3] National Research Council. Challenges and opportunities for education about dual use issues in the life sciences[M]. Washington, D.C.: National Academies Press, 2010.

[4] SCHMIDT M. Diffusion of synthetic biology: a challenge to biosafety[J]. Syst synth biol. 2008, 2（1-2）: 1-6.

[5] VOGEL K. Bioweapons proliferation: where science studies and public policy collide[J]. Social studies of science, 2006, 36（5）: 659-690.

第五节　为未来生物技术产品做好准备

2017 年，美国国家科学院发布了《为未来生物技术产品做好准备》（Preparing for Future Products of Biotechnology）研究报告①，旨在对《生物技术监管协调框架》进行分析，确保联邦监管体系能够有效评估与未来生物技术产品相关的风险。

一、报告背景

1973—2016 年，操纵 DNA 以赋予生物体新特征的方法取得进步。基因工程通过人为操纵引入或改变 DNA、RNA 或蛋白质，进而影响生物体基因组或表观基因组的变化，该技术最初依赖于使用载体将所需的遗传变异引入感兴趣的生物体中。

基因组工程能够对生物体的表型进行快速而可控的研究。基因组工程的进步正受到两种方法的推动：基因组合成和基因编辑。全基因组合成结合了 DNA 从头合成；DNA 大规模组装、转移和重组，允许在整个全基因组中从头构建所需的 dsDNA。基因编辑技术，可以对生物体的 DNA 进行特定的修改，以产生突变或引入新的基因。随着这些新技术的出现，可操纵的生物类型大大增加，扩大了新型生物技术产品的种类和数量。

该报告将生物技术产品定义为通过基因工程或基因组工程开发的产品，或有

---

① 报告由未来生物技术产品和有机会提高生物技术监管体系能力委员会（Committee on Future Biotechnology Products and Opportunities to Enhance Capabilities of the Biotechnology Regulatory System）、生命科学委员会（Board on Life Sciences）、农业和自然资源委员会（Board on Agriculture and Natural Resources）等共同完成。理查德·默里（Richard M. Murray）是未来生物技术产品和有机会提高生物技术监管体系能力的委员会主席，是报告的负责人，也是加州理工学院控制与动力系统与生物工程教授[1]。

针对性地体外操纵生物体（包括植物、动物和微生物）遗传信息的产品。该定义还包括由此类植物、动物、微生物和无细胞系统生产的一些产品。

二、报告概述

（一）生物技术监管协调框架

研究委员会审查了生物技术产品的监管机制①，发现《生物技术监管协调框架》在涵盖各种生物技术产品的法定权利方面似乎具有相当大的灵活性。然而在某些情况下，即使存在管辖权，现有的法律也可能不适合新兴的生物技术产品。此外，除美国国家环境保护局、美国食品药品监督管理局和美国农业部之外的机构可能有责任监管一些未来的生物技术产品，但其作用在协调框架中并没有明确规定。

尽管协调框架涵盖了广泛的生物技术产品，但研究委员会发现现有的生物技术监管体系很复杂，可能给未来生物技术产品的开发带来不确定性，也可能使公众对未来生物技术产品的监管失去信心。

新产品研发速度的提高意味着未来 5~10 年内生物技术产品的类型和数量可能明显大于目前。美国国家环境保护局、美国食品药品监督管理局、美国农业部及其他相关部门应为这种潜在的增长做好准备，包括找到有效的风险评估手段，以维护公共安全、保护环境。

（二）完善生物技术监管制度

该委员会的一项主要任务是指出哪些科学技术、工具和专业知识可能在监管部门监管生物技术未来产品方面起到作用。鉴于可能出现的大量生物技术产品，监管部门可能无法有效保证风险评估的质量。高效处理生物技术产品的一个重要方法是分层监管，其需要为某些产品开发新的风险分析方法（表 3-2）。

---

① 此外，研究委员会还审查了几份涉及未来生物技术产品方面的国家科学院报告，包括《生物学的工业化：加速化学品先进制造的路线图》[2]《地平线上的基因驱动：推进科学，驾驭不确定性，并使研究与公共价值观保持一致》[3]《转基因作物：经验和前景》[4]，以获取有关生物技术进步衍生的未来产品及与这些产品相关的潜在风险的信息。

表 3-2 环境释放产品的市场现状 [①]

分类	产品描述	在市场上 [②]	研发中 [③]	早期概念
植物及植物产品	Bt 重组 DNA 作物	√		
	带有重组 DNA 的抗除草剂作物	√	√	
	带有重组 DNA 的抗病作物	√	√	
	RNAi 转基因作物	√	√√√	√√√
	气味性苔藓		√	
	发光植物		√	
	基因编辑作物		√√√	√√√
	CRISPR 基因敲除的作物		√√√	√√√
	植物修复用草		√	
	警戒作用植物		√	
	提高光合作用效率的作物		√	
	常年盛开植物			√
	非豆科固氮植物			√
	生物发光树			√
	农业用基因驱动植物			√
动物及动物产品	荧光斑马鱼	√		
	无菌的昆虫		√	
	基因编辑的动物		√	√
	降低过敏原的羊奶		√	
	地雷探测老鼠		√	
	从濒临灭绝或灭绝中复活的动物			√
	控制入侵哺乳动物的基因驱动动物			√
	控制害虫的基因驱动动物			√

[①] 该表反映了研究委员会撰写报告时产品的市场状况。"√√√"是指研究委员会确定为具有高增长潜力的领域。
[②] "在市场上"等同于"使用中";已获得监管部门批准但尚未使用的产品,不被认为是"在市场上"。
[③] 涵盖了从原型阶段到现场试验的产品,被认为是"研发中"。

续表

	产品描述	在市场上	研发中	早期概念
微生物及微生物产品	生物传感器		√	
	生物修复		√	
	工程藻类		√√√	
	固氮共生体		√	
	益生菌			√
	基因组工程微生物			√√√
	生物矿化			√√√
合成生物体/核酸	无细胞产品		√	
	DNA 条形码追踪产品	√	√	
	防治害虫的 RNA 喷雾剂		√	
	基因组编码的生物体			√

三、现行生物技术监管制度

（一）美国监管体系

美国生物技术安全监管体系旨在保护公众健康、福利、安全和环境，同时促进经济增长、提升竞争力并增加就业机会。美国监管体系中的风险评估主要局限于人类、生态和经济风险概念。人类健康和生态风险评估的重点是确定损害的原因、损害与不利影响之间的关系、人类或环境受到损害的程度、损害发生的可能性。新产品造成的危害可能超出对人类健康和环境的危害，这些问题可能包括就业率下降、社会结构或关系的变化、文化冲击、生物多样性丧失等。

风险分析不仅包括风险评估，还包括风险管理，即在将风险评估结果与社会、经济和政治问题相结合后，权衡政策方案并选择最合适的监管行动。

尽管风险多变，但美国监管过程中的风险分析通常仅限于工业企业、政府监管部门，有时还包括外部咨询委员会。美国国家环境保护局、美国食品药品监督管理局和美国农业部一般将采取公众参与和外部同行评审的做法。

（二）监管协调框架

接受美国国立卫生研究院资助的公共和私人机构，以及其他联邦部门和私人赞助的涉及重组或合成核酸分子的研究都需遵守《NIH 重组 DNA 研究指南》。该指南规定了保护研究人员、公众和环境的标准。

在 20 世纪 70 年代后期和 20 世纪 80 年代初期，DNA 研究的进步导致大量新产品产生，但却没有统一的生物技术立法。1986 年，白宫科学技术政策办公室发布了《生物技术监管协调框架》。协调了多个联邦部门的生物技术相关职责，其中确立了美国国立卫生研究院、美国国家环境保护局、美国食品药品监督管理局、美国农业部和美国劳工部职业安全与健康管理局（Occupational Safety and Health Administration，OSHA）的主要职责。

除了按照各自授权的法规要求监管生物技术，这些部门还应按照普遍适用的联邦法规，包括《国家环境政策法》（National Environmental Policy Act，NEPA）、《濒危物种法》（Endangered Species Act，ESA）和《行政程序法》（Administrative Procedure Act，APA）。《行政程序法》要求各机构开展某些风险分析活动时通过使机构活动遵守透明度和适当程序要求来促进公众参与。1992 年白宫科学技术政策办公室发布了《生物技术监管协调框架更新版》，以便向各机构提供进一步的政策指导。2017 年，联邦政府发布了 2017 年《生物技术监管协调框架》更新版，进一步明确了美国国家环境保护局、美国食品药品监督管理局和美国农业部的监管职能。

（三）促进安全和技术创新的监管法规

协调框架建立的目的之一是在安全监管和技术创新之间寻求平衡。技术创新可能提高产品安全性，如用更新、更安全的产品取代高风险产品。因此，认为监管必然会给技术创新带来障碍是不正确的，但如果监管增加了成本并拖延了新产品开发，那么就有可能阻碍或推迟创新产品上市。协调框架的目的是提供评估生物技术产品安全性的机制，同时为推进技术创新和提高透明度、协调性、效率和可预测性提供框架。

四、结论

（一）生物技术产品新的趋势

1. 美国生物技术产品和生物经济正在快速增长

对生物技术认知的进步及基因编辑技术的开发利用、生物工程组件的标准化、基因组测序和基因合成成本的降低、研发资金的增加等多种因素促进了美国生物领域的发展及生物技术产品的广泛应用。由于涉及众多新的参与者、工具和资源，生物技术的未来产品有望渗透到人类生活的方方面面。

2. 社会因素将继续影响生物技术产品在公众环境中的使用

未来的生物技术产品存在许多相互竞争的风险与收益。美国社会层面十分关注各种生物技术的安全和伦理，并认为生物技术在解决社会和环境问题方面前景广阔。

3. 许多未来生物技术产品虽与现有生物技术产品类似，但将由新工艺制造

已经熟悉的生物技术产品，如抗虫作物和用发酵细菌制成的产品仍将继续开发。CRISPR（clustered regularly interspaced short palindromic repeats，规律成簇的间隔短回文重复序列）技术可能会促使产品研发人员在未来10年内比过去20年更快地开展产品研发。

4. 一些生物技术未来产品可能与现有产品完全不同

基因组工程的进步提高了基因组转化的能力。在生产化学品和生物燃料等产品的封闭系统中，微生物的遗传转化速率将增长，它将发展为由DNA合成产生的微生物群落和许多不同微生物DNA组合形成的微生物群落。这些群落可以在开放环境中释放，以加强植物固氮或在受污染地点修复生物。

5. 新型生物技术平台将有助于增加生物技术产品创新

生物技术平台，如提高效率的计算工具、为新参与者提供的新型生物技术工具包、提高DNA和RNA合成能力的系统，可促进新型生物技术产品开发。

（二）理解未来生物技术产品的风险

1. 未来生物技术产品的多样性使消费者和安全监管部门面临挑战

美国国家环境保护局、美国食品药品监督管理局和美国农业部需要利用其法规的灵活性，将新产品定位在最适合每种产品特征和风险水平的法规框架下，但越来越多的未来生物技术产品仍可能会陷入这些部门管辖权的空白之中。

2.《职业安全与健康法》未提供法律授权和工具以应对监管挑战

美国消费者安全法规委员会缺乏对基于生物技术的消费品进行上市前安全性

分析的权力，并且应对产品上市后出现的风险的工具有限。《职业安全与健康法》有局限性，可能使美国职业安全与健康管理局难以灵活地应对生物技术作为生产手段的新用途。

3. 生物技术产品开发和制造过程中的变化可能会带来监管压力

监管部门的人员配备至关重要。联邦对生物技术产品的监管可以在产品开发周期的多个阶段进行，取决于具体产品及其预期用途。根据现行法规，监管部门要求产品制造商提交上市前安全研究和上市后安全信息的权力因产品类型而异。

4. 联邦政府对研究的充分支持对于保护消费者和职业安全至关重要

根据研究委员会审查的多项法规，在要求产品生产商进行研究以产生有关其产品安全性的信息方面，监管部门只有有限的权力。

5. 上市后风险识别分析和安全监测是支持创新产品有益使用、确保公共和环境安全的重要工具

对于报告涵盖的产品类别，现有法规没有为监管部门提供一套完整的审查系统，如授权开发主动监控系统和共享数据资源以支持监管。

6. 消费者安全监管部门很少或根本无权限制某些产品的使用或销售

现有的限制生物剂运输的计划不能很好地解决可能出现的与未来消费品有关的问题。未来的行业结构将包括新的参与者、生物技术爱好者和产品研究人员、非传统制造商及在非传统资金来源的支持下进入生物技术领域的研究者。保护公共安全有时可能需要控制谁可以访问和使用某些类型的产品，如确保产品仅在同意实施某些安全措施的情况下使用。

7. 生物技术产品在环境的影响评估方面存在管辖权空白和冗余

美国国家环境保护局、美国食品药品监督管理局和美国农业部可能无权对未来不符合其授权法规的生物技术产品进行环境风险评估。随着更多生物技术产品设计用于施放到开放环境中，管理的脱节可能更加严重。每个部门都有不同的方法来评估与农业、健康和环境相关的风险。因此，每个部门的调查结果可能与其他部门不同，并可能给产品研究人员带来困惑。

8. 未来生物技术产品风险评估的方式可能不同

未来 5~10 年出现的生物技术产品会带来各种各样的环境、健康和安全风险，这些风险在潜在影响、发生可能性、空间和时间维度及评估其监管政策的适用性方面有很大差异，风险评估将更加复杂，也将更加不确定。

9. 监管系统风险评估能力的差距可能削弱公众信心

监管部门既要保持和建立公众对监管的信心，也要持续改进风险分析方法以确保人类健康和环境安全。鉴于未来生物技术产品的多样性，增加公众和开发者的参与度可能会增进公众对风险分析方法的理解。

10. 监管部门可能不足以应对生物技术产品的预期范围和规模

虽然监管部门可以求助于一些外部咨询委员会，但部门内部和各部门之间可能没有足够的科学能力和工具来应对未来生物技术产品的风险评估挑战。未来几年进入市场的产品数量可能超过评估过程为决策提供信息的手段和能力。这种不平衡如果不能在短期内得到解决，从长远来看可能会阻碍新的生物技术产品的开发。此外，根据未来 5~10 年生物技术产品的预期范围和复杂性，监管科学性的进步才能开展有效的评估。未来生物技术产品的增加对现有的监管体系构成了巨大的潜在压力。监管部门可能没有准备好足够的人员及合适的风险分析方法。

（三）提高生物技术监管体系能力

1. 根据产品的属性和使用环境提供适当指导

生物技术新产品开发者多种多样，重要的是监管方法的一致性，进行科学驱动的风险评估。美国国家环境保护局、美国食品药品监督管理局和美国农业部需提供可预测的上市途径并提高监管质量，未来的指导文件需要明确说明用于进行风险评估的标准及适用的流程。

2. 监管系统应使用相称的风险评估方法，为未来生物技术产品的大量增长做准备

根据研究收集的信息，研究委员会得出结论，每年需要联邦监管的产品数量很可能会增加，这些产品未来评估的复杂性及监管部门所需的相关投入也将增加。应将注意力集中在不熟悉和复杂的产品的风险评估方法上。

3. 对生物技术产品进行参与性治理

未来的生物技术产品及其使用模式将与现有的生物技术产品及其应用越来越

不同，需让不同的利益相关者及具有不同专业知识的科学家参与进来。独立专家的参与或同行评审将使监管部门进行风险分析时能够做出最有力的科学判断。

4. 生态风险评估为未来生物技术产品提供定量评估方法

全面、高效、公正的风险分析需要与未来生物技术产品的规模和复杂性相称的专业监管知识。能够将早期研究需求与下游监管要求预期联系起来的工具可以提高监管评估结果的效率和可预测性。

5. 在未来生物技术产品领域有机会提高监管部门的能力、专业知识和工具

风险分析必须能够适应和应对技术和信息的快速发展。监管部门可以建立一个共同的风险评估基础设施，重点是评估设计用于向环境开放释放的产品。各部门必须不断评估技术趋势，以便能够在产品开发周期的早期与技术和产品研究人员进行有意义的讨论。

6. 增强技术和产品研究人员的能力和开发技术手段

在技术和产品研究人员方面可以进行相关的风险评估方法改进。为了确保监管框架能够发挥作用，必须改进评估方法，并将其提供给监管部门和产品开发商。

7. 《生物技术监管协调框架》可能存在监管漏洞

《生物技术监管协调框架》具有相当大的灵活性，可以涵盖范围广泛的生物技术产品，但在有些情况下也使得各部门在监管方面存在空白。即使现行法规在技术上确实允许不同部门监管这些产品，但有时可能会使他们难以有效地进行监管。

8. 复杂和分散可能给未来生物技术产品的开发商带来不确定性且缺乏可预测性

未来的产品研究人员将包括新的参与者，如生物技术爱好者、非传统制造商及通过非传统来源资助研究或产品开发的实体。保护公共安全有时可能需要确保产品仅在实施某些安全措施的设施中使用。

9. 未来生物技术产品的大量增长将给联邦部门带来挑战

需要联邦监管的产品数量很可能每年都会增加，这些产品未来评估的复杂性及监管部门所需的相关努力水平也将增加。这些产品将由对生命科学的了解增加和生物工程技术能力的提高推动。面对这种局面，可能需要新的政府监管工具。

10. 对未来生物技术产品的安全使用进行有效监管

为了应对未来生物技术产品可能带来的危险，美国的监管体系必须有能力评估其潜在的人类健康和环境风险。在现行法规下，修订后的监管战略应增加公众参与度、透明度和风险可预测性，从而提高公众对未来生物技术产品监管的信心。严格、透明的监管体系可以确保风险评估工作适用且监管部门对产品熟悉。平衡联邦部门、开发商及相关方的不同需求将使当前对生物技术新产品的风险评估变得越来越具有挑战性。

五、建议

建议 1：美国国家环境保护局、美国食品药品监督管理局、美国农业部和参与监管未来生物技术产品的其他机构应提高生物技术相关科学能力、工具、专业知识和地平线扫描（Horizon Scanning）。

地平线扫描：一种通过系统检查潜在威胁来监测早期潜在重要发展迹象的技术，重点是新技术及其影响。

（1）监管部门应具有对进入监管体系的产品快速分类的能力，从而减少监管所需的时间，将问题集中在需要更复杂风险评估的产品上。

（2）为了便于监管，联邦部门应开发新方法来评估和解决更复杂的风险，让监管部门意识到必须面对的新兴技术。

（3）美国国家环境保护局、美国食品药品监督管理局、美国农业部和其他相关联邦机构应致力于：①在同行评审和公众参与下，在5年内建立生态风险评估的新方法；②为未来产品制定风险效益评估方法，特别强调未来功能不熟悉的生物技术产品和开放释放的生物技术产品；③根据需要在风险与收益评估中汇集相关专业知识。

（4）美国国家环境保护局、美国食品药品监督管理局、美国农业部和其他相关联邦部门应制定监管前审查数据共享方案，为产品研究人员提供数据、科学证据及科学和市场经验。

（5）与白宫科学技术政策办公室所述目标和指导意见相一致，在总统行政办公室的科学和技术政策中，生物技术工作组应实施一个更永久、更具协调性的机制，以衡量并定期审查联邦机构的科学能力、工具、专业知识和地平线扫描，使它们适用于未来生物技术产品的丰富性。

建议2：美国国家环境保护局、美国食品药品监督管理局和美国农业部应增进对复杂的未来生物技术产品的生态风险评估。

（1）管理部门应创建试点项目，以便进行全面的风险评估，这些过程跨越未来生物技术产品从实验室规模到现场，再到全面使用的整个开发周期。

（2）政府部门应试点推进生态风险评估，预计在未来5～10年内对开放发布的产品进行评估和效益分析，并有外部独立的同行评审和公众参与。

（3）政府部门应启动试点项目以制定对现有产品风险的概率估计，作为比较未来生物技术产品与现有生物技术和非生物技术替代品产生不利影响的一种手段。

（4）监管部门应利用试点项目进行探索，向公众和研究人员推广地平线扫描。

（5）美国国家环境保护局、美国食品药品监督管理局和美国农业部应与联邦和州消费者及职业安全监管部门合作，并利用试点项目共享数据资源和科学工具来发展新的风险评估方法。

建议3：美国国家科学基金会、美国国防部、美国能源部、美国国家标准与技术研究所及其他资助生物技术研究并有可能产生新生物技术产品的部门应增加对监管科学的资助。

（1）联邦政府应制定和实施对未来生物技术产品进行风险分析的长期战略，设立联邦资金支持监管科学的发展。

（2）为早期生物技术提供资金的联邦发展研究和监管部门应为学术界、行业和政府研究人员提供支持。

（3）为生物技术开发提供资金的政府部门，应与监管部门相互合作。

（4）具有教育职责的政府部门应确定并资助各种活动，通过课程和教育材料提高相关人员对监管制度的认识和了解。

资料来源

[1] National Academies of Sciences, Engineering, and Medicine. Preparing for future products of biotechnology[M]. Washington, D.C.: The National Academies Press, 2017.

参考文献

[1] National Academies of Sciences, Engineering, and Medicine. Preparing for future products of biotechnology[M]. Washington, D.C.: National Academies Press, 2017.

[2] National Research Council. Industrialization of biology: a roadmap to accelerate the advanced manufacturing of chemicals[M]. Washington, D.C.: National Academies Press, 2015.

[3] National Academies of Sciences, Engineering, and Medicine. Gene drives on the horizon: advancing science, navigating uncertainty, and aligning research with public values[M]. Washington, D.C.: National Academies Press, 2016.

[4] National Academies of Sciences, Engineering, and Medicine. Genetically engineered crops: experiences and prospects[M]. Washington, D.C.: National Academies Press, 2016.

推荐阅读

[1] GALLAGHER S S, RICE G E, SCARANO L J, et al. Cumulative risk assessment lessons learned: a review of case studies and issue papers[J]. Chemosphere, 2015, 120: 697-705.

[2] KUZMA J, NAJMAIE P, LARSON J. Evaluating oversight systems for emerging technologies: a case study of genetically engineered organisms[J]. J. law med. ethics., 2009, 37(4): 546-586.

[3] AKBARI OMAR S, BELLEN HUGO J, BIER E, et al. Safeguarding gene drive experiments in the laboratory: multiple stringent confinement strategies should be used whenever possible[J]. Science, 2015, 349(6251): 927-929.

第六节 发展中的基因驱动技术

2016年，应美国国立卫生研究院（National Institutes of Health，NIH）和美国国立卫生研究院基金会（The Foundation for the National Institutes of Health，FNIH）要求，美国国家科学院研究并发布了《地平线上的基因驱动：推进科学，驾驭不确定性,使研究与公共价值观保持一致》(Gene Drives on the Horizon: Advancing Science, Navigating Uncertainty, and Aligning Research with Public Values)研究报告[①],旨在对与基因驱动技术发展及其伴随的伦理、法律和社会影响进行研判。

一、概述

(一)基因驱动

科学家们研究基因驱动已有50多年的历史[②]。自19世纪80年代以来,科学家就知道自私遗传元件。进化遗传学家奥斯汀·伯特(Austin Burt)研究位点特异性自私遗传元件,这些DNA会从亲代生物传给几乎所有后代。但是,直到20世纪中叶,才出现了将自私遗传元件作为控制种群手段的想法。1960年,蚊虫生物学家George B. Craig建议利用某些雄性埃及伊蚊中自然存在的雄性因子来控制蚊子种群。当具有这种雄性因子的雄性蚊子繁殖时,它们的大多数后代便会发育成雄性。携带这种雄性因子的雄性蚊子在环境中的释放有可能将雌性蚊子的数量减少到有效传播疾病所需的数量以下。

1992年,进化遗传学家玛格丽特·基德韦尔(Margaret Kidwell)和媒介生物学家何塞·里贝罗(José Ribeiro)提出了利用可转移元件将工程基因驱动到蚊子种群中的机制。Kidwell和Ribeiro于1992年和Burt于2003年结合遗传学的知

---

① 报告由非人类生物基因驱动研究委员会(Committee on Gene Drive Research in Non-Human Organisms)、生命科学委员会(Board on Life Sciences)、地球与生命研究委员会(Division on Earth and Life Studies)等共同完成。詹姆斯·柯林斯(James P. Collins)和伊丽莎白·海特曼(Elizabeth Heitman)是非人类生物基因驱动研究委员会的联合主席。詹姆斯·柯林斯博士是亚利桑那州立大学(Arizona State University)生命科学学院自然历史与环境学教授。伊丽莎白·海特曼博士是范德比尔特大学医学中心(Vanderbilt University Medical Center)的医学与社会伦理学副教授[1]。
② 基因驱动是指特定基因有偏向性地遗传给下一代的一种自然现象,借助被誉为基因剪刀的CRISPR基因编辑技术,科学家研发出人工基因驱动系统,并在酵母、果蝇和蚊子中证实可实现外部引入的基因多代遗传。传统的遗传规则于1866年格里戈尔·孟德尔(Gregor Mendel)首次描述,该规则认为后代平均有50%的概率从其父母一方继承基因。通过基因驱动,后代有超过50%的概率从父母那里继承遗传元件,因此特定的基因型将随着时间的延长而增加。将基因驱动元件和某一特定功能元件(如不孕基因、抗病毒基因)整合至目标物种内,实现特定功能性状的快速遗传是当前控制虫媒疾病、保护农业和生态环境的研究方向之一。CRISPR/Cas9等技术的发展使基因驱动变得更容易实现[2]。

识和现代分子工具，为基因驱动研究领域提供了支持。Burt 在 2003 年提出使用归巢核酸内切酶基因（homing endonuclease genes，HEG）来驱动遗传变化进入自然种群。许多遗传学家正在研究归巢核酸内切酶用于靶向基因治疗，这是一种仍在试验的方法。Burt 扩展了这一理论，研究归巢核酸内切酶是否也可以用于蚊子种群，驱动修饰的基因[3-4]。

遗传学家和种群生物学家持续探索利用各种自私遗传元件在蚊子中发展基因驱动。CRISPR 的发现促进了基因驱动的发展。细菌利用 CRISPR 作为一种免疫系统来防御外来基因序列，如病毒。CRISPR/Cas9 系统是最新且使用最广泛的基因编辑技术，已迅速促进许多植物、线虫、苍蝇、鱼类、猴子和人类细胞等的基因编辑取得突破。

2015 年，即首次展示 CRISPR/Cas9 作为基因编辑工具的 3 年后，由美国哈佛大学医学院乔治·丘奇（George Church）领导的研究小组在酵母中创建了第一个基因驱动。两位分子生物学家瓦伦蒂诺·甘茨（Valentino Gantz）和伊桑·比尔（Ethan Bier）于 2015 年 3 月首次发表了证明可以在昆虫、果蝇中产生基因驱动的研究。到 2015 年底，两个独立的研究小组，一个由安东尼·詹姆斯（Anthony James）领导，另一个由奥斯丁·伯特（Austin Burt）和安德里亚·克里斯蒂安（Andrea Crisanti）领导，开发了基因驱动修饰的蚊子[5-6]。

（二）报告背景

2012 年，强大的基因编辑工具 CRISPR/Cas9 的开发带来了基因驱动研究的最新突破，为了应对这一快速发展的领域，美国国家科学院召集一个具有广泛专业知识的委员会，总结与基因驱动相关的科学发现及使用基因驱动技术的注意事项。委员会的任务包括 3 个主要部分：①审查基因驱动的科学状况和研究方法，以减少开发和使用基因驱动可能造成的意外伤害；②讨论基因驱动技术对伦理、法律和社会造成的影响；③确定现有治理机制和风险评估指南是否充分，以应对基因驱动对环境和公共卫生的影响。

委员会在华盛顿特区举办了为期一天的研讨会，并组织了 11 场线上研讨会，以收集专家和利益相关方的意见。发言者就科学、伦理、公众参与和治理机制提出了观点。研讨会主题包括基因驱动技术是否符合美国和国际的生物技术安全治理体系、公众对基因驱动技术的潜在风险的看法，以及如何更好地让公众参与关于基因驱动的潜在两用性风险的讨论。

二、基因驱动相关技术

（一）基因驱动技术手段

1. 转座因子

转座因子（TEs），也称为转座子或跳跃基因，小的 DNA 片段可通过自身切除并随机插入基因组的其他位置，从基因组的一部分移至另一部分。植物遗传学家芭芭拉·麦克林托克（Barbara McClintock）于 1952 年发现了转座因子。她观察到玉米中的某些 DNA 序列有时会改变它们在基因组中的位置。从那时起，科学家发现转座因子在真核生物中无处不在，并且经常构成基因组的主要部分[7]。

P 元素转座子是果蝇中的转座因子。长期以来，在实验室中一直使用 P 元素转座子来制造转基因的果蝇。梅斯特（Meister）和格兰蒂（Grigliatti）于 1993 年首次证明，P 元素转座子可以将特定基因迅速传播到实验果蝇中。类似转座子已成功应用于蚊子。使用转座因子作为基因驱动的载体有几个缺点，包括插入位置随机、相对较低的转化频率、有限的携带基因大小和整合序列的低稳定性[8-10]。

2. 减数分裂驱动

减数分裂驱动是一种基因驱动机制，是指与预期的孟德尔遗传频率相比导致等位基因分离异常的遗传改变。得到充分研究的减数分裂驱动因子是黑腹果蝇中的 SD 常染色体基因复合体。

3. 归巢核酸内切酶基因

归巢核酸内切酶基因位于染色体上，它们可以识别和切割特定序列。切割序列后，使用同源重组将归巢核酸内切酶基因复制到切割的同源染色体中。归巢核酸内切酶基因存在于真核生物、古细菌和细菌中，它们的识别序列在基因组中的频率较低。

温德比希勒（Windbichler）等于 2011 年描述了在蚊子基因驱动的创建中使用归巢核酸内切酶基因的方法。

4. 基于 CRISPR/Cas9 的基因驱动

CRISPR/Cas 是一种基因工程工具，CRISPR/Cas9 系统需要靶标特异性指导 RNA（gRNA）和 CRISPR 相关蛋白（Cas9）。与锌指核酸酶（zinc finger nucleases，ZFNs）和转录激活因子样效应物核酸酶（transcription activator-like effector nucleases，TALENs）相比，CRISPR/Cas 系统是一种更省力的基因编辑方法，并且通过引入相关 gRNA 可以有效地一次用于靶向多个基因。

科学家已经使用 CRISPR/Cas9 系统在实验室中开发了几种生物的基因驱动，包括果蝇、蚊子和酵母菌。CRISPR/Cas9 系统可以将特定基因插入染色体，从而在基因组中产生该基因驱动的一个拷贝。然后，插入的基因驱动元件"切割"同源染色体，从而在基因组中产生该基因驱动元件的两个副本。因此，所有基因驱动修饰生物的后代都将继承该基因驱动的一个副本，从而使 CRISPR/Cas9 系统增加了生物体传递特定基因的可能性。

（二）基因驱动技术应用

案例 1：使用埃及伊蚊和白纹伊蚊控制登革热

1. 目的

在埃及伊蚊和白纹伊蚊中建立基因驱动，以控制登革热在世界范围内的传播。

2. 基本原理

登革热是一种病毒感染性疾病，由感染 5 种血清型登革热病毒之一引起，是全球亚热带和热带国家患病和死亡的主要原因之一。感染登革热的成年人和儿童通常会患上流感样疾病。严重的登革热也称为登革出血热，会引起出血、持续呕吐、呼吸困难及其他可能导致死亡的并发症。埃及伊蚊是登革热在城市地区的主要传播媒介，而白纹伊蚊是农村地区的主要传播媒介。2016 年 4 月，世界卫生组织批准了赛诺菲·巴斯德（Sanofi Pasteur）研发的在登革热流行地区使用的首个登革热疫苗（Dengvaxia）。

3. 目前的措施

登革热的预防完全依赖病媒控制，主要是通过杀虫剂喷洒控制。蚊虫对杀虫剂的抗性正在挑战这种登革热媒介控制方法的功效。另一个媒介控制干预措施是对蚊媒繁殖场所的管理。

生物控制包括释放感染沃尔巴克氏菌（wolbachia）的蚊子。感染沃尔巴克氏菌会缩短昆虫的寿命。此外，埃及伊蚊感染沃尔巴克氏菌可产生对登革热和基孔肯雅病毒感染的抗性。2011年，澳大利亚开始使用沃尔巴克氏菌减少登革热传播的小规模试验，并进一步扩展到了越南、印度尼西亚和巴西。

4. 基因驱动解决方案

在伊蚊物种中可能创建两种类型的基因驱动：一种阻止登革热病毒的传播；另一种导致伊蚊不育。研究证明，埃及伊蚊可以发展基因驱动，这些应用将要求在登革热流行或已知登革热暴发的城市环境中释放大量基因驱动的蚊子。

案例2：将冈比亚按蚊用于疟疾防控

1. 目的

在冈比亚按蚊中创建基因驱动，以减少人类疟疾在撒哈拉以南非洲的传播。

2. 基本原理

疟疾是一种严重的，有时甚至是致命的寄生虫感染疾病，在全世界近100个国家中发生。患有疟疾的成人和儿童经常会发高烧和贫血，如果感染严重，可能会导致昏迷和死亡。在撒哈拉以南的非洲、南亚和南美的中低收入国家，疟疾对人类尤其是儿童的影响尤其严重。人类疟疾是由疟原虫属的5种原生动物寄生虫中的任何一种引起的。冈比亚按蚊是撒哈拉以南非洲疟原虫的主要传播媒介。

3. 目前的措施

当前的疟疾控制方法主要有两种，即药物治疗和媒介控制。疟疾疫苗正在开发中并显示出希望，但是要正式广泛应用，还需要花费很多年的时间。预防以按蚊为媒介的传播包括消除繁殖场所、在房屋墙壁上喷洒杀虫剂，以及在疟疾流行地区使用经杀虫剂处理的蚊帐。但是，所有这些措施都需要有组织的行动和持续的资源可用性。此外，由于冈比亚按蚊种群中杀虫剂耐药性的扩散，控制疟疾的工作遇到挑战。

4. 基因驱动解决方案

2015年11月，研究人员证明CRISPR/Cas9可用于创建基因驱动，在携带疟疾的按蚊中传播抗疟原虫基因。2015年12月，研究人员证明CRISPR/Cas9可用于创建导致雌性冈比亚按蚊不育的基因驱动。

案例 3：在夏威夷使用致倦库蚊抗禽类疟疾

1. 目的

在致倦库蚊中创建基因驱动，以减少禽类疟疾在夏威夷群岛鸟类中的传播。

2. 基本原理

禽类疟疾是由感染鸟类的疟原虫引起的疾病。当鸟类被携带疟原虫的雌性蚊子"叮咬"时，它们就会被感染。对疟原虫没有免疫抵抗力的鸟类会贫血，逐渐变弱，最终死亡。禽类疟疾在大多数大陆上都很常见，但在许多不会出现蚊子的岛屿上却没有。没有自然暴露于疟原虫的鸟类极易感染禽类疟疾。气候变化有可能将蚊子的范围扩大到更高海拔地区，对这些地区的鸟类种群造成危害。

3. 目前的措施

预防禽类疟疾传播的措施一直是使用杀虫剂喷雾和幼虫管理等。但许多蚊子对目前可用的化学物质也具有抵抗力，因此难以控制。

4. 基因驱动解决方案

基因驱动的使用可以作为一种新的策略来靶向繁殖蚊媒，以控制禽类疟疾。基因驱动可以改变雌性蚊子感染疟原虫的能力，或阻止蚊子繁殖。

案例 4：控制非本地鼠类以保护岛屿生物多样性

1. 目的

减少或消除非本地鼠的种群，以保护世界各地岛屿上的原生生物多样性。

2. 基本原理

入侵物种是导致岛屿上的野生动植物灭绝的主要原因。在国际自然保护联盟列入濒临灭绝物种清单的所有物种中，几乎有一半生活在岛屿上。此外，哺乳动物、爬行动物和鸟类的灭绝事件分别约有 70%、90% 和 95% 发生在岛屿上。鼠类等啮齿动物的活动降低了本地物种繁殖，改变或破坏栖息地，并以其他方式对岛屿生态系统的动态产生负面影响。现在，全球约有 80% 的岛屿上有啮齿动物。

3. 目前的措施

在岛屿上消灭啮齿动物的措施包括使用诱捕器、毒药和生物控制措施，如引入掠食性动物或疾病。机械措施不涉及使用可能对人类、动物和整个生态系统健康产生不利影响的化学物质。但是，放置诱捕器并收集被捕获的动物是劳动密集型的方法，诱捕器无法区分目标生物和非目标生物，并且诱捕器不足以完全消灭啮齿动物种群。其他研究旨在利用基因工程方法来控制啮齿动物种群，包括 RNAi 和促使雌性子代发育成雄性等。这种基因工程方法是否有效，尚待观察。

4. 基因驱动解决方案

科学家正在研究一种决定性别的基因驱动，这会使家鼠产生的雄性后代比雌性多。如果这种情况发生在多代身上，它将随着时间的推移而导致群体规模的减少。分子机制利用了位于 17 号染色体（常染色体）上称为 T 复合体的小鼠基因组中减数分裂驱动区域。在这种情况下，对雄性小鼠进行基因工程改造，使其拥有 Sry 基因，该基因可促进雄性特征。XYSry 雄性可育，与野生型 XX 雌性交配后，XY 和 XX 后代均具有 Sry 并发育成雄性小鼠，其中 XX 雄性不育，而 XY 雄性仍能够复制和传播 Sry。随着时间的推移，小鼠种群将趋向于全部为雄性，由于雌性小鼠的丧失而导致种群的最终减少和被抑制。

案例 5：控制非本土矢车菊以保护牧场和森林的生物多样性

1. 目的

在非本土的矢车菊物种中创建基因驱动，以保护美国牧场和森林中本地植物物种的生物多样性。

2. 基本原理

斑点矢车菊（centaurea maculosa）原产于东欧，在 19 世纪被引入美国。到 2000 年，在美国 50 个州中的 45 个州可以被发现，其存在于近 700 万英亩的牧场和松树林中，造成土壤侵蚀。

3. 目前的措施

已经进行了一些尝试，通过使用生物控制来减缓其传播，但没有很好的效果。除了生物控制，还包括火烧和化学处理等。

4. 基因驱动解决方案

矢车菊蔓延能力的基础被认为与一种叫儿茶素的化合物的产生有关，其抑制天然植物物种的发芽和生长，从而赋予其竞争优势。有两种可能的基因驱动方法：第一种是通过针对特定性别的基因来设计基因驱动，从而偏向性别比例；第二种是通过靶向儿茶素的生物合成途径来改变种群。

案例 6：控制帕尔默苋菜提高农业产量

1. 目的

在帕尔默苋菜（*palmer amaranth*）中创建基因驱动，以减少或消除美国南部农田的杂草。

2. 基本原理

苋科植物遍及美国南部的所有农田。它已发展出对除草剂草甘膦（世界上使用最广泛的除草剂）的抗药性，而且这种抗药性在地理上已经广泛传播。

3. 目前的措施

杂草处理是一个持续的挑战。除对争夺资源和干扰所需植物的管理外，有毒杂草还会对人类健康、农作物和牲畜产生不利影响。管理策略分为物理和机械方法、化学方法和生物方法。机械方法的例子包括人工清除杂草；生物方法的例子包括使用天敌（微生物、昆虫和其他动物）等。

防治杂草的主要方法是使用除草剂。草甘膦是最常用的除草剂，不幸的是，经过数十年的草甘膦使用，杂草种群中的除草剂抗性也在增加，从而降低了草甘膦对杂草控制的功效。

4. 基因驱动解决方案

帕尔默苋菜可能是基因驱动技术的候选者，首先，它是一年生植物，有性繁殖且繁殖时间短；其次，苋菜是雌雄异株的，这确保了传播基因驱动所必需的异源杂交；最后，苋菜是风媒授粉的，这意味着不会损害昆虫授粉者。

从理论上讲，帕尔默苋菜可以采用两种类型的基因驱动：第一种方法是针对赋予草甘膦抗性的基因，重新建立苋菜对草甘膦除草剂的敏感性；第二种方法是建立抑制驱动，尽管这种驱动的目标和内容尚不清楚，但存在一些性别特异性基因，它们是使性别比例偏向的合适目标。

案例 7：斑马鱼用于基因驱动研究

1. 目的

在斑马鱼中创建基因驱动，以研究脊椎动物的基因驱动机制。

2. 基本原理

截至 2016 年 4 月，研究人员尚未开发出可在实验室进行基础研究的基因驱动修饰脊椎动物，但已在果蝇和蚊子中证明了基因驱动，并期望该技术将在未来应用于脊椎动物。鉴于脊椎动物和无脊椎动物之间的根本区别，在将基因驱动应用于脊椎动物，特别是打算释放到环境中的脊椎动物之前，需要进行基因驱动研究来解决各种基础研究问题。

3. 基因驱动解决方案

斑马鱼提供了一个出色的模型来解决脊椎动物物种中基因驱动的基础研究问题。斑马鱼基因组已被完全测序，价格低廉、易于维护、世代时间短，并可以产生大量后代。就使用动物模型进行研究而言，从监管角度来说它们也有优势。斑马鱼的收容很简单，而其他潜在的基因驱动脊椎动物模型（如小鼠）则更易逃脱实验室并在实验室外生存。此外，基因编辑已在该生物中成功使用。

三、基因驱动与人类健康

（一）基因驱动的潜在人类危害

基因驱动的许多可能的有害影响与环境后果有关，也可能对人类造成潜在的危害。此外，实验室事故或基因驱动研究因故意滥用而引起的任何潜在后果都可能造成危害。

基因驱动修饰生物的释放有可能对公众健康造成危害。一个理论上的例子是对蚊子进行修饰，使其不能携带登革热病毒，但可能更容易感染另一种危害人类健康的现有或新型病毒。这种情况的另一个假设结果是，登革热病毒可能进化出一种新的表型。清除整个物种，如蚊子，可能会对生态系统中的其他生物产生影响，进而可能导致有害的变化，如另一种昆虫疾病媒介的数量增加。

决定是否进行基因驱动修饰生物的实地释放需要确保已识别和研究了可能的危害。这不仅取决于基因驱动的技术方面及预期在生物体内如何发挥作用，还取决于环境和社会问题。

（二）两用性问题

可能被故意用于恶意用途的研究被称为两用性研究。基因驱动的两用性风险与合成生物学等其他研究不同。基因驱动技术不适用于细菌和病毒（因为基因驱动仅限于有性繁殖的生物），对人类基本无效（由于人类的长世代），并且可能对作物和牲畜的作用有限。

（三）潜在的环境危害

基因驱动修饰生物的潜在环境释放将引发有关可能有害的环境后果的问题。在某些方面，使用基因驱动修饰生物引起环境变化与过去使用生物防治有害生物的尝试相似。对拟议释放的环境危害进行充分的评估需要进行仔细的个案分析。

（四）基因驱动及其引起的问题的其他分析

基因驱动技术在各种情况下，尤其是在公共卫生、农业和环境保护方面可能具有非常可观的收益，但同样存在针对人类和环境的潜在风险，如有人质疑工程化的基因驱动是否会对目标生物产生预期的作用，尤其是疾病的传播是否可能更加恶化；基因驱动是否会传播给其他生物；基因驱动修饰的生物可能会对食用它们的人类产生什么影响；可能会对其他生物种群和生态系统产生什么影响；可能具有的两用性风险。从事基因驱动研究的科学家也已经认识到确保基因驱动研究安全进行的重要性。

四、基因驱动治理框架

重组 DNA 技术出现在 20 世纪 70 年代初期。这项新技术允许基因从一种生物转移到另一种生物，从而创造出"工程化"的生物，其中包含自然界中不存在的遗传组合。从一开始，重组 DNA 研究就引起了人们对其潜在风险的担忧。在 20 世纪 80 年代和 90 年代初期，人们对转基因生物的监管形式进行了激烈的辩论，美国和欧盟分别采用以产品为基础和以过程为基础的不同监管方式[11]。

（一）《生物技术监管协调框架》

在美国，基因驱动修饰生物的监管同样在《生物技术监管协调框架》之下。《生物技术监管协调框架》于 1986 年制定，概述了一项全面的监管政策，以确保基于生物技术的产品的安全性。美国食品药品监督管理局、美国农业部和美国国家环境保护局共同承担了协调框架下的转基因生物监管权。美国食品药品监督管理局对转基因食品等进行监管，美国农业部对任何潜在植物有害生物进行监管，美国国家环境保护局对被视为农药的产品进行监管[12]。

(二)减少基因驱动潜在风险的阶段性测试

基因驱动研究的发展和构建基因驱动所需的分子技术的日益简便,已经使人们对基因驱动改造生物体在应对公共卫生、保护农业和其他挑战方面的潜在用途产生了极大的兴趣。但是,将基因驱动的修饰生物释放到环境中意味着将复杂的分子系统引入复杂的生态系统,可能产生许多影响。因此,需要实验室和现场研究的有效策略来研究每种类型的基因驱动修饰生物潜在的利弊,以及减少或减轻潜在风险的方法。

研究基因驱动修饰生物的理想途径包括5个步骤:研究准备(阶段0)、基于实验室的研究(阶段1)、基于现场的研究(阶段2)、阶段性环境释放(阶段3),以及释放后的监测(阶段4)。分阶段测试使研究人员能够确定研究何时准备从一个阶段转移到下一个阶段。进行下一阶段测试的决定还可能取决于相关公众,尤其是当地社区和监管部门的批准。

(三)评估基因驱动修饰生物的风险

基因驱动可能在整个群体中传播,在环境中持续存在并对生物和生态系统造成不可逆转的影响,因此需要一种强有力的方法来评估风险。生态风险评估将有益于基因驱动研究,因为该方法可用于评估近期和长期的环境和公共卫生风险与收益的可能性。生态风险评估可以比较各种替代策略,并可以用来识别不确定性的来源。

(四)科学技术治理

自第二次世界大战后制定《纽伦堡守则》(Nuremberg Code)以来,科学治理的重要性已被广泛接受。第二次世界大战后,美国的科学治理包括联邦和州立法及其他政府法规、科学家和机构行为守则、科学家和制造商的专业认证和认可制度、公众参与讨论等。

基因驱动有两个主要特征使其有别于其他类型的生物技术:其有意在群体中传播遗传特征,并且对生态系统的影响可能是不可逆的。这两个特征对基因驱动研究和相关应用的治理具有重要意义。

1. 第一阶段的治理机制(基于实验室的研究)

在学术环境中,通过机构生物安全委员会在机构监管有关基因驱动技术的实验室实验。该委员会是对重组DNA研究进行机构监管的基石，并且是美国国立卫生研究院资助机构进行涉及基因修饰研究的主要监管机制。机构生物安全委员会与研究人员合作，为涉及生物技术的实验建立健康和环境安全保护措施。这些机构委员会评估拟议实验的风险，并根据风险类别推荐遏制措施。

对于由美国国立卫生研究院资助的研究，美国国立卫生研究院生物技术活动办公室①将最终监管安全控制措施。机构生物安全委员会要向美国国立卫生研究院生物技术活动办公室负责，并且必须执行规定的生物安全性准则，即涉及重组或合成核酸分子的美国国立卫生研究院研究准则。当向本地机构生物安全委员会提出某些新的实验时，必须将其提交给生物技术活动办公室及其咨询机构重组DNA咨询委员会进行审议。

2. 第二阶段（基于现场的研究）和第三阶段（阶段性环境释放）的治理机制

美国对第二阶段和第三阶段的治理和监管考虑类似。如前所述，基因驱动技术的监管权限由生物技术监管协调框架规定。但是，当前美国监管系统并未特别考虑转基因生物的故意传播或它们在环境中的潜在持久性。此外，尚不清楚现有的生物技术法规如何应用于基因驱动技术。

新的工程技术可能会导致更多的转基因植物免于美国农业部的审查，这是因为动植物卫生检疫局监管工程植物的权限取决于其"植物有害生物"权限。这种监管漏洞可能意味着越来越多的转基因植物最终可能会被种植"用于田间试验和商业生产，而无须事先对可能的环境或安全问题进行监管审查。"基因驱动技术也可能产生该情况。

根据《联邦食品、药品和化妆品法》，美国食品药品监督管理局可能有权管理基因驱动修饰的生物。美国食品药品监督管理局的兽医医学中心（Center for Veterinary Medicine，CVM）目前将生物体内的基因构建物视为"新动物药"，需要上市前的批准和批准后的监管。

---

① 美国国立卫生研究院生物技术活动办公室主要监测人类遗传学研究的科学进展，以预测涉及重组DNA的基础和临床研究的未来发展，包括伦理、法律和社会问题（https://bioethicstoday.org/resources/office-of-biotechnology-activities-oba/）。

（五）故意滥用

基因驱动研究在蚊子研究中取得了长足进步。基因改造蚊子的目的是控制蚊子传播疾病，方法是抑制蚊子种群，或以感染或传播病原体（如登革热病毒或疟原虫）能力降低的蚊子代替现有的野生种群。从技术角度来看，在蚊子中使用基因驱动进行恶意攻击似乎非常困难，因此与其他导致危害的方法相比，基因驱动研究没有吸引力。然而，通过更好地理解蚊子与病原体相互作用，人们可以开发出比野生型蚊子更有效传播特定病原体的易感蚊子，甚至有可能发展出可以传播通常不是由病媒携带的病原体或毒素的蚊子。

昆虫作为武器具有实际和潜在用途，基因驱动的可用性为恶意使用提供了新的机会。此外，由于可以将蚊子改造成更有效的载体，从而有效地提高病原体的传播能力，因此对蚊子进行基因改造的某些方法可能会构成人们关注的两用性研究。

（六）总体考虑

科学家研究基因驱动已有 50 多年的历史。但是，2012 年功能强大的基因编辑工具 CRISPR/Cas9 的开发促进了基因驱动研究的新突破。随着基因编辑工具变得更加完善，用于基础研究、农业、公共卫生和其他目的的基因驱动修饰生物的应用可能会继续扩展。

目前，还没有充分的证据支持基因驱动修饰生物体可以向自然界释放。然而，基因驱动在基础和应用研究方面的潜在优势是明显的，应该推进基因驱动由实验室研究向可控的田间试验进行，具体建议如下。

（1）基因驱动研究的资助者应协调并在可行的情况下进行合作，以减少对基因驱动分子生物学知识的差距，以及对至关重要的基础和应用研究其他领域的知识差距，包括人口遗传学、进化生物学、生态系统动力学、建模、生态风险评估和公众参与。

（2）基因驱动研究的资助者应建立开放获取、基因驱动数据在线存储及基因驱动研究的标准操作程序，以共享知识、改进生态风险评估并指导研究设计和监测。基因驱动提出了许多道德问题，并对现有的治理模式、环境评估与公共健康风险提出了挑战。在美国和许多其他国家对生物技术（尤其是转基因生物）的治理以通过封闭进行风险管理为基础。基因驱动不能很好地适应现有的管理策略，因为它们被设计为在群体中传播。分阶段测试和生态风险评估对于解决不确定性并为基因驱动修饰生物的开发和应用提供决策依据至关重要。

（3）应将基因驱动的显著特征（包括有意传播和对环境影响的潜在不可逆性）用于对该技术的生态风险评估、监管和决策。

（4）拟议的基因驱动修饰生物的实地测试或环境释放应接受生态风险评估和结构化的决策过程。这些过程应包括从基因组水平到生态系统水平的脱靶和非脱靶效应的建模。在可能的情况下，应将如基因流、种群变化、营养相互作用和群落动力学等作为模型的一部分。

（5）包括研究机构、出资者和监管者在内的管理部门应制定清晰的政策和机制，以确保公众参与。应当从一开始就将这种参与的明确机制和途径纳入风险评估和决策过程。

（6）在选择进行实地测试和环境释放的地点时，研究人员和资助者应以他们的专业判断、风险评估、社区参与和对风险与收益平衡的理解为指导。在地点选择中，应优先考虑那些具有科学能力和治理框架国家的地点。

资料来源①

[1] National Academies of Sciences, Engineering, and Medicine. Gene drives on the horizon: advancing science, navigating uncertainty, and aligning research with public values[M]. Washington, D.C.: National Academies Press, 2016.

参考文献

[1] National Academies of Sciences, Engineering, and Medicine. Gene drives on the horizon: advancing science, navigating uncertainty, and aligning research with public values[M]. Washington, D.C.: National Academies Press, 2016.
[2] 田德桥. 生物技术安全[M]. 北京：科学技术文献出版社，2021：226.

---

① 本节内容同时参考：《生物技术安全》（田德桥，科学技术文献出版社2021年出版）。

[3] KIDWELL M G, RIBEIRO J M. Can transposable elements be used to drive disease refractoriness genes into vector populations? [J]. Parasitol today, 1992, 8（10）: 325-329.

[4] BURT A. Site-specific selfish genes as tools for the control and genetic engineering of natural populations[J]. Proc. Biol. Sci., 2003, 270（1518）: 921-928.

[5] GANTZ V M, BIER E. Cenome editing. The mutagenic chain reaction: a method for converting heterozygous to homozygous mutations[J]. Science, 2015, 348（6233）: 442-444.

[6] HAMMOND A, GALIZI R, KYROU K, et al. A CRISPR-Cas9 gene drive system targeting female reproduction in the malaria mosquito vector Anopheles gambiae[J]. Nat. biotechnol., 2016, 34（1）: 78-83.

[7] WICKER T, SABOT F, HUA-VAN A, et al. A unified classification system for eukaryotic transposable elements[J]. Nat. Rev. Genet., 2007, 8（12）: 973-982.

[8] RUBIN G M, SPRADLING A C. Genetic transformation of Drosophila with transposable element vectors[J]. Science, 1982, 218（4570）: 348-353.

[9] MEISTER C A, GRIGLIATTI T A. Rapid spread of a Pelement/Adh gene construct through experimental populations of Drosophila melanogaster[J]. Genome, 1993, 36（6）: 1169-1175.

[10] FRASER M J. Insect transgenesis: current applications and future prospects[J]. Annu. Rev. Entomol., 2012, 57: 267-289.

[11] TAIT J. Risk governance of genetically modified crops: European and American perspectives[M]//RENN O, WALKER K. Global risk governance: concept and practice using the IRGC framework. Dordrecht: Springer, 2008: 133-153.

[12] HOLDREN J P, SHELANSKI H, VETTER D, et al. Modernizing the regulatory system for biotechnology products. memorandum for heads of food and drug administration, environmental protection agency, and department of agriculture[EB/OL]. [2023-01-17]. https://www.whitehouse.gov/sites/default/files/microsites/ostp/modernizing-the_reg-system_for- biotech products_memo final.pdf.

推荐阅读

[1] ALTA R C, GREELY HENRY T. CRISPR critters and CRISPR cracks[J]. American journal of bioethics, 2015, 15 (12): 11-17.

[2] WOLT JEFFREY D, KEESE P, RAYBOULD A, et al. Problem formulation in the environmental risk assessment for genetically modified plants[J]. Transgenic research, 2010, 19 (3): 425-436.

[3] KERR J P, LIU J, CATTADORI I, et al. Myxoma Virus and the Leporipoxviruses: an evolutionary paradigm[J]. Viruses, 2015, 7 (3): 1020-1061.

[4] JONATHAN W. The precautionary attitude: asking preliminary questions[J]. Hastings center report, 2014, 44 (S5): S27-S28.

[5] CERÓN-SOUZA I, GONZALEZ ELENA G, SCHWARZBACH ANDREA E, et al. Contrasting demographic history and gene flow patterns of two mangrove species on either side of the Central American Isthmus[J]. Ecology and evolution, 2015, 5(16): 3486-3499.

[6] CHEN C H, HUANG H X, WARD M C, et al. A synthetic maternal-effect selfish genetic element drives population replacement in drosophila[J]. Science, 2007, 316 (5824): 597-600.

[7] DICARLO JAMES E, CHAVEZ A, DIETZ SVEN L, et al. Safeguarding CRISPR-Cas9 gene drives in yeast[J]. Nature biotechnology, 2015, 33 (12): 1250-1255.

[8] BERTRAND G, KARINE B, PABLO I, et al. Short-term variations in gene flow related to cyclic density fluctuations in the common vole[J]. Molecular ecology, 2014, 23 (13): 3214-3225.

[9] HENIKOFF S, AHMAD K, MALIK S H. The Centromere Paradox: stable inheritance with rapidly evolving DNA[J]. Science, 2001, 293 (5532): 1098-1102.

[10] KIM Y G, CHA J, CHANDRASEGARAN S. Hybrid restriction enzymes: zinc finger fusions to Fok I cleavage domain[J]. Proceedings of the National Academy of Sciences of the United States of America, 1996, 93 (3): 1156-1160.

第七节 生命科学值得关注的两用性研究：当前问题和争议

2017年，美国国家科学院发布了《生命科学值得关注的两用性研究：当前问题和争议》（Dual Use Research of Concern in the Life Sciences: Current Issues and Controversies）报告[①]，调研了美国在生命科学研究中对生物安全风险的应对策略，分析了研究人员在传播研究成果的同时，减轻对国家安全带来潜在风险的机制。

一、报告背景

（一）研究目的

生命科学研究的潜在滥用风险引起了人们对国家安全问题的担忧。对此，研究委员会调研了美国降低生命科学值得关注的两用性研究风险的相关政策，分析了研究成果传播的可能机制，以及如何在研究成果传播与潜在风险之间取得适当平衡，这需要明确学生、研究人员、机构和联邦政府在研究中的作用和责任。

（二）美国政府两用性研究监管政策演变

美国在"9·11"恐怖袭击事件和"炭疽邮件"事件之后，联邦政府颁布了相应法规为涉及危险病原体或毒素的研究提供额外的监管。2001年通过《提供拦截和阻止恐怖主义所需的适当工具团结和强化美国法案》（以下简称《爱国者法案》）（The Uniting and Strengthening America by Providing Appropriate Tools Re-

---

[①] 报告由值得关注的两用性研究委员会（Committee on Dual Use Research of Concern）、科学技术和法律委员会（Committee on Science, Technology, and Law）、政策和全球事务委员会等共同完成。理查德·梅斯韦（Richard A. Meserve）和哈罗德·瓦尔姆斯（Harold E. Varmus）是值得关注的两用性研究委员会的联合主席，也是报告的负责人。理查德·梅斯韦是哈佛法学院法学博士与斯坦福大学应用物理学博士，也是卡内基科学研究所（Carnegie Institution for Science）名誉院长。此前，他曾担任美国核管理委员会（U.S. Nuclear Regulatory Commission，NRC）主席。哈罗德·瓦尔姆斯2015年加入威尔康奈尔医学院迈耶癌症中心（Meyer Cancer Center of Weill Cornell Medical College），担任路易斯托马斯大学（Lewis Thomas University）教授。此前，他曾任美国国家癌症研究所所长（2010—2015年）、纪念斯隆-凯特琳癌症中心主席（2000—2010年）及美国国立卫生研究院院长（1993—1999年）[1]。

quired to Intercept and Obstruct Terrorism Act of 2001）规定了那些受限制的个人不允许拥有或运输危险病原体或毒素。2002 年,《公共卫生安全和生物恐怖防范应对法》(The Public Health Security and Bioterrorism Preparedness and Response Act）增加了对使用危险病原体或毒素的个人的登记要求,以及对研究人员的背景调查。《爱国者法案》和《公共卫生安全和生物恐怖防范应对法》侧重于处理危险病原体或毒素,二者都不包括管理有关病原体或毒素的研究结果的传播,尽管某些类型的实验在进行之前需要审查。

2005 年,美国卫生与公众服务部成立了国家生物安全科学顾问委员会(NSABB),以帮助评估生命科学研究的潜在风险并向卫生与公众服务部部长、美国国立卫生研究院院长等提供建议。NSABB 就生命科学两用性研究的监管问题及涉及具有潜在大流行性病原体的合成生物学研究和功能获得性研究提出建议。NSABB 还制定了科学行为守则建议,鼓励培养责任文化,并向科学家提供有关生命科学两用性研究的知识。

(三) 国际背景

制定监管机制以管理美国两用性研究信息的传播需要在更广泛的国际背景下进行。美国政府的资助条件同样适用于美国境外,如果与美国没有资金联系,则美国的两用性研究监管政策不适用于该国家/地区开展的研究活动。

二、值得关注的两用性研究监管措施

(一) 美国传播研究成果的相关政策

1985 年,罗纳德·里根总统发布了第 189 号国家安全决策指令(NSDD-189),美国政府根据 NSDD-189 中阐述的原则制定了相应的机制、法规和政策,以指导机构和研究人员进行两用性生命科学研究监管。NSDD-189 为美国现行的科学信息传播政策奠定了基础。

美国国务院和商务部通过各自的《出口管制条例》,对具有潜在风险的生物信息和材料的传播施加限制。

(二) 美国两用性研究监管政策局限性

2012 年和 2014 年美国政府对生命科学两用性研究的监管政策仅适用于美国

政府资助、涉及所列出的 15 种病原体或毒素中的一种或多种及所列出的 7 种研究效果中的一种或多种的研究。一些人指出，政策既过于宽泛又过于狭窄：并非所有涉及已确定的危险病原体或毒素和 7 种实验效果的研究都是值得关注的两用性研究，所列实验效果之外的研究也可能引起两用性风险问题。在现行制度下，一方面两用性研究监管政策可能会对合法研究施加限制；另一方面也可能不能限制应受限制的研究。

目前的两用性研究监管政策：①不适用于保密研究；②不适用于不涉及所列出的 15 种病原体或毒素中的一种或多种及所列出的 7 种研究效果中的一种或多种的研究；③不适用于未获得美国政府资助的研究。现行政策主要集中于研究成果的正式出版上。传统上，科学成果主要发表在印刷期刊上，这些期刊只有订阅者或订阅期刊的机构才能获得。然而，科学信息正通过研讨会、电子发布等方式进行交流。研究人员越来越多地选择在同行评审之前将他们的研究发布到互联网上。围绕两用性研究结果的发表没有共同商定的决策方法，多种信息分享渠道对制定管理传播的政策构成了挑战。

（三）教育与培训

美国的监管政策赋予了课题组长和机构审查委员会一定的责任。履行责任需要对相关问题有足够的认识，但这些个人或实体是否有机会获得识别、评估和降低风险所需的专业知识仍是未知。

美国斯坦福大学（Stanford University）的斯特恩斯（Tim Stearns）在他的报告中[2]描述了他的同行对两用性研究和安全问题缺乏认识的情况。斯特恩斯报告了很少有教师熟悉 NSABB 的工作，甚至许多生命科学家对国家生物武器计划的发展历史知之甚少的情况。在 2016 年 7 月的会议上，美国马里兰大学（University of Maryland）的哈里斯（Harris）引用了他 2008 年发表的一篇报告[3]，指出很少有科学家考虑过两用性研究的潜在风险或是有任何生物安保审查的经验。美国桑迪亚国家实验室（Sandia National Laboratories）的杜安·林德纳（Duane Lindner）和温娜莉·卡特（Winalee Carter）在报告[4]中描述了实验室评估与其研究产生的信息相关的可能风险的方法程序。其认识到科学和生物技术的快速发展所带来的挑战，强调了建立风险意识并随时提供应对措施的管理至关重要。

（四）对两用性研究的国际监管

生物安保有限公司（Biosecure Ltd.）的皮尔斯·米利特（Piers D. Millett）[5]讨论了关于两用性研究的国际观点及扩大两用性研究管理的渠道。他的总体看法是，对于解决两用性研究问题的必要性，国际上没有达成共识，甚至被忽视了，需要采取措施扩大讨论范围。米利特将国际上对两用性研究的讨论程度低归因于：①各国对该问题的认识有限；②认为这个问题与大多数国家无关；③许多发展中国家怀疑美国提出两用性研究问题的动机是保护其在生命科学领域的技术领先地位。

鉴于这一背景，米利特提出了他认为的对扩大两用性研究国际风险讨论的有效方法。首先，应强调生物技术发展与国家安全之间的关系；其次，应强调生物安全在保护生物经济方面的作用；最后，他鼓励扩大对两用性研究的讨论，使之成为解决生物安全风险整体措施中的一部分。

（五）管理未来两用性研究传播的办法

鉴于持续的科学进步所带来的复杂伦理、法律、社会和安全问题，越来越多的人认为科学研究必须在更广泛的社会背景下进行，科学自由伴随着相应的责任。哈佛大学肯尼迪政治学院（Harvard Kennedy School of Government）的山姆·埃文斯（Sam Weiss Evans）认为科学和安全并非相互排斥的，应为新兴的两用性问题制定灵活的治理措施。埃文斯指出美国商务部工业和安全局的新兴技术研究咨询委员会（The Department of Commerce Bureau of Industry and Security's Emerging Technology Research Advisory Committee）缺乏相应的专业知识，敦促其加强对生命科学的关注。

美国密歇根大学（University of Michigan）的迈克尔·英皮里亚尔（Michael Imperiale）与美国斯坦福大学（Stanford University）的大卫·雷尔曼（David A. Relman）建议形成一个多元化的群体在研究产生潜在敏感结果时对两用性研究进行管理。雷尔曼指出，该群体应包括科学、政策和安全界具有专业知识的成员，以收集、采取多方信息，并尽可能提前采取行动，控制敏感信息的传播。

三、调查结果

（一）研究和传播工具的变化

先进技术的快速发展、信息的全球化共享、科学出版物的广泛传播及某些人为造成的、带有恶意伤害意图的研究活动，引起了美国对其国家安全威胁的关切。总的来说：

（1）美国在安全开展生物研究方面有着良好的记录，记录在案的生物安全和生物安保事件数量较少；

（2）美国非常重视能够加强生物安保的政策和做法；

（3）研究成果的公开传播对解决具有重要意义的公共安全问题存在一定帮助。

（二）美国政府相关政策

许多政策可能适用于两用性研究的传播。美国两用性研究监管政策为管理有关某些病原体和引起生物安保问题的实验类型的信息传播提供了框架，但它们仅适用于接受联邦资助的机构进行的研究。不遵守规定会带来收回联邦资金的潜在风险，但目前尚不清楚是否真的会实施其他制裁。委员会研究发现如下：

（1）传播可能引起生物安全和生物安保问题的生命科学信息受到零散的政策和法规的制约。

（2）相关两用性研究的监管政策可能只对进行研究的一部分个人起效。

（3）可以在研究的早期阶段确定其是否属于两用性研究。

（4）当前两用性研究监管政策的重点没有涵盖生命科学研究所有相关领域可能存在的生物安保问题。

（5）没有任何国际组织系统地制定关于传播具有潜在风险的科学信息的政策或指南。

（6）出口管制的范围有限，本身并不能提供一种控制信息传播的机制。

（三）建立相关机制与审查流程

两用性研究监管政策为接受联邦资助的研究人员提供了指导，但其他研究人员和期刊编辑无法随时获得此类指导。

（1）联邦政府资助机构以外的期刊编辑和研究人员没有系统的过程可以向联邦政府寻求指导。

（2）美国和国际期刊之间没有共同一致的政策来解决两用性研究问题。

（3）科学界与国家安全和情报界就生物安保问题进行接触的机制有限。

（4）作为联邦咨询机构，NSABB 没有限制信息传播的法律权威。

（5）两用性研究的监管不包括评估和分享最佳生物安保管理办法的机制。

（6）原则上 NSABB 可以提供一种机制来履行上述许多职能，但该机构目前的职能有限。

（四）进行教育与培训

出于生物安保目的对信息传播进行控制的做法都需要仔细考虑研究的性质、恶意使用研究成果的风险、科学进步的好处或通过公开沟通制定对策，并评估在限制风险的同时获得收益的手段。有效评估取决于国际研究人员、资助者和出版商对风险和政策选择的了解。委员会研究发现如下：

（1）大多数生命科学家对于与生物安保有关的问题知之甚少。

（2）管理科学信息的传播需要地方、国家和国际提供提高认识、教育和培训的机会，并不断提供指导、分享最佳做法及制定共同方案。

（3）研究机构有一些有效的计划，确保涉及特定病原体的研究人员接受生物安全培训，但这些计划在美国研究机构中并没有得到系统实施。

（4）没有充分评估或管理研究信息传播的经验。

（5）用于提高认识、教育和培训的资助较少。

尽管经过了几十年的努力，但对于解决开展生命科学研究和成果传播的两用性方面，没有国家或国际的共识。缺乏解决这些问题的国际承诺；在评估风险、不确定性和收益的框架方面缺乏共识；美国政府在制定有效管理两用性研究的监管政策及信息传播方面面临一定的挑战。

资料来源

[1] National Academies of Sciences, Engineering, and Medicine. Dual use research of

concern in the life sciences: current issues and controversies[M]. Washington, D.C.: National Academies Press, 2017.

参考文献

[1] National Academies of Sciences, Engineering, and Medicine. Dual use research of concern in the life sciences: current issues and controversies[M]. Washington, D.C.: National Academies Press, 2017.

[2] STEARNS T. Moving beyond dual use research of concern regulation to an integrated responsible research environment[EB/OL].[2023-01-01]. https://sites.nationalacademies.org/cs/groups/pgasite/documents/webpage/pga_177326.pdf.

[3] WHITBY S, DANDO M, Effective implementation of the BTWC: the key role of awareness raising and education[EB/OL].[2023-01-01]. http://www.brad.ac.uk/acad/sbtwc/briefing/RCP_26.pdf.

[4] LINDNER D, CARTER W, Sandia National Laboratories. control of sensitive information: policy, procedure, and practice in a national security context[EB/OL].[2023-01-01]. https://sites.nationalacademies.org/cs/groups/pgasite/documents/webpage/pga_176435.pdf.

[5] MILLETT D P, Biosecure Ltd. Gaps in the international governance of dual-use research of concern[EB/OL].[2023-06-10]. https://nap.nationalacademies.org/resource/24761/Millett_Paper_011717.pdf.

推荐阅读

[1] NSABB. Proposed framework for the oversight of dual use life sciences research: strategies for minimizing the potential misuse of research information[EB/OL].[2023-06-10].https://osp.od.nih.gov/wp-content/uploads/Proposed-Oversight-Framework-for-Dual-Use-Research.pdf.

第八节 生命科学两用性研究治理：推进研究监管的全球共识

2018年美国国家科学院与克罗地亚科学与艺术学院联合举办了主题为"生命科学两用性研究治理：推进研究监管的全球共识"（Governance of Dual Use Research in the Life Sciences: Advancing Global Consensus on Research Oversight）①的国际研讨会并发布了相应报告。该研讨会反映了社会各界对生命科学技术研究可能促进生物武器发展或促进生物恐怖主义的担忧。

一、会议概述

2018年6月10—13日，来自30个不同国家和5个国际组织的70多名与会者在克罗地亚萨格勒布参加了"生命科学两用性研究治理：推进研究监管的全球共识"国际研讨会。该研讨会由克罗地亚科学与艺术学院主办，是国际学术合作组织（Inter Academy Partnership）、克罗地亚科学院、克罗地亚生物安全和生物安保学会及美国国家科学院、工程院和医学院之间的合作。

随着对生命科学研究的逐渐深入，研究过程中产生的知识、工具和技术可能促使生物武器的发展或助长生物恐怖主义。因此，某些生命科学研究具有两用性风险，研讨会的重点是如何为生命科学研究建立有效的治理体系。

二、研讨会讨论

1. 国家与机构的监管对两用性研究的重要性

各国采取了各种方法降低生命科学研究两用性风险。例如，美国值得关注的两用性研究相关政策使研究人员和研究机构更加关注两用性风险问题，并提高了科学界的安全意识。

---

① 报告由生命科学委员会（Board on Life Sciences）、地球与生命研究委员会（Division on Earth and Life Studies）、美国国家科学院等共同完成。詹姆斯·雷维尔（James Revill）、乔·赫斯班德（Jo Husbands）、凯瑟琳·鲍曼（Katherine Bowman）是报告负责人。苏·米克（Sue Meek）是生命科学两用性研究治理委员会（Committee on Governance of Dual Use Research in the Life Sciences）主席，澳大利亚国立大学（the Australian National University）生物研究院名誉教授[1]。

美国具有两用性研究监管政策，但美国两用性研究监管政策仅限于某些生物剂，并非所有机构的研究都涉及使用此类生物剂。这意味着并非所有的研究机构都有相关的机构审查委员会，研究审查的实施范围仍然有限。

在这次讨论的基础上，许多与会者指出了国家和机构对两用性风险问题的作用。与会者建议，两用性研究咨询委员会等国家机构可在风险评估和风险消减措施等方面向有关政府部门提供咨询意见。这样的角色可能类似于美国重组DNA咨询委员会，审查与涉及重组或合成核酸分子的基础和临床有关的研究，并向美国国立卫生研究院提供建议。与会者同样认为，在研究机构内建立两用生命科学讨论的机制是监管制度的一个重要组成部分。模式可能有所不同，但目前这一责任似乎主要通过某种类型的机构审查委员会来履行。

2. 基本法律规范

目前的国际生物不扩散和裁军制度以1925年《日内瓦议定书》、1972年《禁止生物武器公约》及防止向非国家实体扩散的《联合国安理会第1540号决议》为基础。截至2016年12月，已有152个国家根据《联合国安理会第1540号决议》颁布了禁止非国家行为者使用生物武器的立法。

各国可能以不同的方式履行其义务。解决两用性风险问题的措施包括对特定病原体或毒素的获取和使用的控制、与转基因生物有关的条例，以及适用于某些生物剂、设备和相关技术的出口管制制度。每个国家如何禁止生物武器，如何构建一套提供国家安全和研究监管的法律和政策措施各不相同，但《禁止生物武器公约》和《联合国安理会第1540号决议》提供了反对滥用生命科学技术的国际规范。

3. 研究的治理

生命科学两用性研究治理涉及研究项目的整个过程，从实验的最初构想到获得研究资金，再到在会议和出版物上传播其成果。

4. 机构审查

机构审查是用来监管研究是否适当进行的机制。审查人员向监管部门提供信息，及时了解研究是否按计划进行及是否考虑过如何解决研究可能出现的问题。例如，在美国，机构审查委员会可以参与评估研究项目是否构成两用性风险。涉及危险病原体或毒素的研究提案，可提交给机构审查委员会进行审查。

5. 降低风险的技术措施

在某些情况下，研究人员可能改变实验的设计或将其他技术纳入其研究，以降低两用性研究风险和生物安保关切。这些方法为实施生物技术安全治理提供了选择，如研究人员可以选择使用致病性较低的微生物株进行实验。研究资助者和机构审查委员会可以从拟议的研究项目中确定潜在的生物安全问题，并要求调整实验方案或制定风险消减措施以解决这些问题。例如，美国政府发布的相关两用性研究监管政策要求研究资助部门与研究人员或研究机构合作，制定风险消减措施以解决任何已识别的风险。

三、治理措施

1. DNA 合成筛查

许多研究项目都涉及核酸序列，利用核酸片段重建病原体等研究具有一定的两用性风险。因此，供应商对 DNA 合成订单的筛查是用于治理两用性风险的方式之一。与会者指出，随着行业变得更加分散和多样化，DNA 合成筛查在未来可能会变得更加复杂。此外，筛查流程并不统一，一些与会者认为，随着行业和学术研究的发展，核酸序列合成筛查是一个需要继续讨论的重要领域。

2. 成果的传播

与会者提出了当下利用研究成果出版前编辑审查作为两用性风险治理的方式。然而公开信息显示，被标记为存在两用性风险的文章数量很少，尽管在研究成果出版前对其进行过审查，但审查力度较小，具有潜在风险的研究成果最终仍被发表。因此，一些与会者认为学术编辑没有足够专业的知识或时间进行彻底或一致的筛选，对提交拟出版文章的两用性风险的监管能力、风险和安全认知也各不相同，需要更加统一规范的审查标准。

3. 吸引科学家参与

与会者认识到科学界在推进两用性研究方面具有重要作用。让更多科学家参与进来可以确定和支持能够在两用性研究治理中起带头作用的倡导者。在这方面，可以采用区域科学和技术对话的方式。来自公共和私营部门的国际专家可以会议形式探讨降低两用性研究风险的可能措施。

4. 让私营部门参与进来

与会者提到了私营部门在确定实践规范方面的作用，有必要提升私营部门参与两用性风险治理能力。另外，还可以组织公共和私营部门之间的会议，分析研究两用性风险案例，确定可以在哪些方面采取有效的干预措施。

5. 两用性研究治理的可持续性

与会者指出，需要制定实证基础的生物安保政策和战略方针。多个国家、大学和非政府组织现已开展工作，这些努力提供了一个基础，可以在此基础上吸取教训，传播有效的治理措施并加以改善。尽管有人指出了实证基础治理的重要性，但一些与会者强调，从一开始就期望建立一个有效、全面的政策体系是不现实的，需要逐步完善。

6. 评价和评估

与会者指出，在实施两用性研究治理措施方面，包括安全教育、行为守则、制定规范和科学家责任文化培养等，几乎没有经验证明哪些有效，哪些无效。此外，在一种情况下行之有效的方法在另一种情况下可能不起作用。虽然已经制定了一些直接、间接影响的评估方式，但这些评估方式需要在更广泛的评估范围内进一步发展、测试和完善。

资料来源

[1] National Academies of Sciences, Engineering, and Medicine. Governance of dual use research in the life sciences: advancing global consensus on research oversight: proceedings of a workshop[M]. Washington, D.C.: National Academies Press, 2018.

参考文献

[1] National Academies of Sciences, Engineering, and Medicine. Governance of dual use research in the life sciences: advancing global consensus on research oversight: proceedings of a workshop[M]. Washington, D.C.: National Academies Press, 2018.

结　语

　　生物技术安全治理是一个复杂、有难度、有挑战性的治理领域。美国在生物技术安全治理领域的一些关注、研讨和采取行动相对较早，但仍面临很多有待解决的问题。

　　我国也意识到生物技术安全治理的重要性，并正在通过完善相应的法规以加强监管。调研美国的相关研究及政策实施，可为我国提供一些启示与借鉴。

　　目前，国内有一些针对生物技术安全方面的图书，其中针对转基因农作物方面的居多，也有一些国外出版图书的中文翻译，但总体来说还不够系统全面。本书选取美国生物技术安全治理的一些重要文献进行摘译，可为国内相关管理部门和研究人员提供较全面的参考。

　　我们国家科技在快速发展，保障科技发展的管理水平也需要相应发展和提高。限于参与编译的人员较少和作者水平有限，可能会存在一些不够准确的地方，请读者指正。

　　本书完成过程中科学技术文献出版社郝迎聪老师给予了很大支持；军事医学研究院裘艳莉、刘俊等提供了相关辅助工作；首都师范大学贾语桐参与了部分内容的校对，在此一并表示感谢。

缩略词

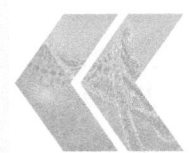

缩略词	英文全称	中文全称
AHPA	Animal Health Protection Act	《动物健康保护法》
APHIS	Animal and Plant Health Inspection Service	动植物卫生检疫局
ASPR	The Office of the Assistant Secretary for Preparedness and Response	应急准备与反应助理部长办公室
BIS	Department of Commerce's Bureau of Industry and Security	（美国）商务部工业和安全局
BMBL	Biosafety in Microbiological and Biomedical Laboratories	《微生物和生物医学实验室生物安全》
BSAT	biological select agents and toxins	危险病原体或毒素
BSL	biosafety level	生物安全等级
BSO	biological safety officer	生物安全官
BWC	Biological Weapons Convention	《禁止生物武器公约》
BWG	Biotechnology Working Group	生物技术工作组
CBACI	The Chemical and Biological Arms Control Institute	化学与生物武器控制研究所
CCL	commerce control list	商业控制清单
CDC	Centers for Disease Control and Prevention	（美国）疾病预防控制中心
CoV	corona virus	冠状病毒
CRISPR	clustered regularly interspaced short palindromic repeats	规律成簇的间隔短回文重复序列
CRWG	Culture of Responsibility Working Group	责任文化工作组
CT	convergence technology	融合技术
CWC	Chemical Weapons Convention	《禁止化学武器公约》

续表

缩略词	英文全称	中文全称
DHS	Department of Homeland Security	（美国）国土安全部
DOD	Department of Defense	（美国）国防部
DOE	Department of Energy	（美国）能源部
DPL	denied persons list	被拒人员清单
dsRNA	double-stranded RNA	双链RNA
DUR	dual use research	两用性研究
DURC	dual use research of concern	值得关注的两用性研究
EAR	Export Administration Regulations	《出口管理条例》
EL	entity list	实体清单
EOP	Executive Office of the President	（美国）总统行政办公室
EPA	Environmental Protection Agency	（美国）国家环境保护局
EPIA	Egg Products Inspection Act	《蛋制品检验法》
ECR	Export Control Regulations	《出口管制条例》
FBI	Federal Bureau of Investigation	联邦调查局
FD&C Act	Federal Food, Drug, and Cosmetic Act	《联邦食品、药品和化妆品法》
FDA	Food and Drug Administration	美国食品药品监督管理局
FIFRA	Federal Insecticide, Fungicide, and Rodenticide Act	《联邦杀虫剂、杀真菌剂和灭鼠剂法》
FMIA	Federal Meat Inspection Act	《联邦肉类检验法》
FSIS	Food Safety and Inspection Service	食品安全检验局
FSAP	The Federal Select Agent Program	联邦危险生物剂计划
GOF	gain-of-function	功能获得性
GOFROC	gain-of-function research of concern	值得关注的功能获得性研究
HEG	homing endonuclease genes	归巢核酸内切酶基因
HHS	Department of Health and Human Services	美国卫生与公众服务部

续表

缩略词	英文全称	中文全称
HPAI	highly pathogenic avian influenza	高致病性禽流感
HTS	high-throughput sequencing	高通量测序
IBC	Institutional Biosafety Committee	机构生物安全委员会
ICGEB	International Centre for Genetic Engineering and Biotechnology	国际遗传工程和生物技术中心
iGEM	International Genetically Engineered Machines Competition	国际基因工程机器竞赛
IISS	International Institute for Strategic Studies	国际战略研究所
IND	investigational new drug	新药临床试验
IRB	Institutional Review Board	机构审查委员会
ICDUR	institutional contact for dual use research	两用性研究机构联系人
JCB	Joint Centre for Bioethics	（多伦多大学）生物伦理学联合中心
MCM	medical counter measures	医学应对措施
MERS	Middle East respiratory syndrome	中东呼吸综合征
MOU	memoranda of understanding	谅解备忘录
NAP	National Academies Press	（美国）国家科学院出版社
NAS	National Academy of Sciences	（美国）国家科学院
NEPA	National Environmental Policy Act	《国家环境政策法》
NIH	National Institutes of Health	（美国）国立卫生研究院
NIH OSP	NIH Office of Science Policy	国立卫生研究院科学政策办公室
NRC	National Research Council	国家研究委员会
NSABB	National Science Advisory Board for Biodefense	国家生物安全科学顾问委员会
NSDD	national security decision directive	国家安全决策指令
NSF	National Science Foundation	（美国）国家科学基金会
OBA	Office of Biotechnology Activities	生物技术活动办公室

续表

缩略词	英文全称	中文全称
OFAC	The Office of Foreign Assets Control of the US Department of the Treasury	美国财政部外国资产管制办公室
OSTP	White House Office of Science and Technology Policy	白宫科学技术政策办公室
PCR	polymerase chain reaction	聚合酶链式反应
PCSBI	Presidential Commission for the Study of Bioethical Issues	总统生物伦理问题研究委员会
PHS	Public Health Service Act	《公共卫生服务法》
PI	principal investigator	课题组长
PNAS	Proceedings of the National Academy of Sciences	《美国国家科学院院刊》
PPA	Plant Protection Act	《植物保护法》
PPIA	Poultry Products Inspection Act	《家禽产品检验法》
PPPs	potential pandemic pathogens	潜在大流行性病原体
RA	risk assessments	风险评估
RAC	Recombinant DNA Advisory Committee	重组 DNA 咨询委员会
RBA	risk and benefit assessments	风险与收益评估
rDNA	recombinant deoxyribonucleic acid	重组脱氧核糖核酸
RG	risk grouping	风险组
RNAi	ribonucleic acid interference	核糖核酸干扰
SAR	The Select Agent Regulations	《危险生物剂条例》
SARS	severe acute respiratory syndrome	严重急性呼吸综合征
SDN List	specially designated nationals and blocked persons list	特别指定人员和被限制人员名单
SRA	security risk assessment	安保风险评估
TALENs	transcription activator-like effector nucleases	转录激活因子样效应物核酸酶
TERA	TSCA experimental release application	《有毒物质控制法》试验启动程序

续表

缩略词	英文全称	中文全称
TSCA	Toxic Substances Control Act	《有毒物质控制法》
USDA	US Department of Agriculture	美国农业部
VSTA	Virus-Serum-Toxin Act	《病毒-血清-毒素法》
WMD	weapons of mass destruction	大规模杀伤性武器
ZFNs	zinc finger nucleases	锌指核酸酶

推荐阅读

英文图书或报告

[1] National Academies of Sciences, Engineering, and Medicine. Biodefense in the age of synthetic biology[M]. Washington, D.C.: National Academies Press, 2018.

[2] National Academies of Sciences, Engineering, and Medicine. Dual use research of concern in the life sciences: current issues and controversies[M]. Washington, D.C.: National Academies Press, 2017.

[3] National Academies of Sciences, Engineering, and Medicine. Gain-of-function research: summary of the second symposium, March 10-11, 2016[M]. Washington, D.C.: National Academies Press, 2016.

[4] National Academies of Sciences, Engineering, and Medicine. Gene drives on the horizon: advancing science, navigating uncertainty, and aligning research with public values[M]. Washington, D.C.: National Academies Press, 2016.

[5] National Academies of Sciences, Engineering, and Medicine. Genetically engineered crops: experiences and prospects[M]. Washington, D.C.: National Academies Press, 2016.

[6] National Academies of Sciences, Engineering, and Medicine. Governance of dual use research in the life sciences: advancing global consensus on research oversight: proceedings of a workshop [M]. Washington, D.C.: National Academies Press, 2018.

[7] National Academies of Sciences, Engineering, and Medicine. Preparing for future products of biotechnology[M]. Washington, D.C.: National Academies Press, 2017.

[8] National Research Council and Institute of Medicine. Globalization, biosecurity, and the future of the life sciences[M]. Washington, D.C.: National Academies Press, 2006.

[9] National Research Council and Institute of Medicine. Potential risks and benefits of gain-of-function research: summary of a workshop[M]. Washington, D.C.: National Academies Press, 2015.

[10] National Research Council. A new biology for the 21st century: ensuring the united states leads the coming biology revolution[M]. Washington, D.C.: National Academies Press, 2009.

[11] National Research Council. A Survey of attitudes and actions on dual use research in the life sciences: a collaborative effort of the National Research Council and the American Association for the Advancement of Science[M]. Washington, D.C.: National Academies Press, 2009.

[12] National Research Council. An international perspective on advancing technologies and strategies for managing dual-use risks: report of a workshop[M]. Washington, D.C.: National Academies Press, 2005.

[13] National Research Council. Animal biotechnology: science-based concerns[M]. Washington, D.C.: National Academies Press, 2002.

[14] National Research Council. Biotechnology research in an age of terrorism[M]. Washington, D.C.: National Academies Press, 2004.

[15] National Research Council. Challenges and opportunities for education about dual use issues in the life sciences[M]. Washington, D.C.: National Academies Press, 2010.

[16] National Research Council. Environmental effects of transgenic plants: the scope and adequacy of regulation[M]. Washington, D.C.: National Academies Press, 2002.

[17] National Research Council. Life sciences and related fields: trends relevant to the biological weapons convention[M]. Washington, D.C.: National Academies Press, 2011.

[18] National Research Council. Safety of genetically engineered foods: approaches to assessing unintended health effects[M]. Washington, D.C.: National Academies Press, 2004.

[19] Tucker J B. Innovation, dual use, and security: managing the risks of emerging biological and chemical technologies[M]. Cambridg: The MIT Press, 2012.

英文期刊文献

[1] AHTEENSUU M. Synthetic biology, genome editing, and the risk of bioterrorism[J]. Sci Eng Ethics, 2017, 23(6): 1541-1561.

[2] ANNAS G J, BEISEL C L, CLEMENT K, et al. A code of ethics for gene drive research[J]. CRISPR J, 2021, 4(1): 19-24.

[3] ASSEN L S, JONGSMA K R, ISASI R. Recognizing the ethical implications of stem cell research: A call for broadening the scope[J]. Stem Cell Reports, 2021, 16(7): 1656-1661.

[4] ATLAS R M, DANDO M. The dual-use dilemma for the life sciences: perspectives, conundrums, and global solutions[J]. Biosecurity and bioterrorism: biodefense strategy, practice, and science, 2006, 4(3): 276-286.

[5] BALTIMORE D, BERG P, BOTCHAN M, et al. A prudent path forward for genomic engineering and germline gene modification[J]. Science, 2015, 348(6230): 36-38.

[6] BAWA A S, ANILAKUMAR K R. Genetically modified foods: safety, risks and public concerns-a review[J]. Food Sci Technol, 2013, 50(6): 1035-1046.

[7] BENEDICT M Q, JAMES A A, Collins F H. Safety of genetically modified mosquitoes[J]. JAMA, 2011, 305(20): 2069-2070.

[8] BIRNBACHER D. Human cloning and human dignity[J]. Reprod biomed online, 2005(10 Suppl 1): 50-55.

[9] BROSSARD D, BELLUCK P, GOULD F, et al. Promises and perils of gene drives: navigating the communication of complex, post-normal science[J]. Proc Natl Acad Sci USA. 2019, 116(16): 7692-7697.

[10] BRUCE A, CASTLE D, GIBBS C. Novel GM animal technologies and their governance[J]. Transgenic Res, 2013, 22(4): 681-695.

推荐阅读

[11] CASADEVALL A, DERMODY T S, IMPERIALE M J, et al. Dual-use research of concern (DURC) review at American Society for Microbiology Journals[J]. mBio. 2015, 6 (4): e01236.

[12] CHEN H Y, LIU H Q, PENG X Z. Reverse genetics in virology: a double edged sword[J]. Biosafety and health, 2022, 4 (5): 303-313.

[13] COLLINS F S, GREEN E D, CUTTMACHER A E, et al. A vision for the future of genomics research[J]. Nature, 2003, 422 (6934): 835-847.

[14] COLLINS F S, MORGAN M, PATRINOS A. The Human Genome Project: lessons from large-scale biology[J]. Science, 2003, 300 (5617): 286-290.

[15] DE MIGUEL-BERIAIN I. The ethics of stem cells revisited[J]. Advanced drug delivery reviews, 2015: 82-83, 176-180.

[16] DEVOS Y, MUMFORD J D, Bonsall M B, et al. Risk management recommendations for environmental releases of gene drive modified insects[J]. Biotechnol Adv, 2022, 54: 107807.

[17] DOMINGO L J. Human health effects of genetically modified (GM) plants: risk and perception[J]. Human and ecological risk assessment, 2011, 17 (1/3): 535-537.

[18] DOUGLAS T, SAVULESCU J. Synthetic biology and the ethics of knowledge[J]. J Med Ethics, 2010, 36 (11): 687-693.

[19] DREW T W, MUELLER-DOBLIES U. Dual use issues in research—— a subject of increasing concern? [J]. Vaccine. 2017, 35 (44): 5990-5994.

[20] DU L, LI Y, GAO J, et al. Potential strategies and biosafety protocols used for dual-use research on highly pathogenic influenza viruses[J]. Rev Med Virol, 2012, 22 (6): 412-419.

[21] DUPREX W P, FOUCHIER R A, IMPERIALE M J, et al. Gain-of-function experiments: time for a real debate[J]. Nat Rev Microbiol, 2015, 13 (1): 58-64.

[22] DURFY S J. Ethics and the human genome project[J]. Archives of pathology & laboratory medicine, 1993, 117 (5): 466-469.

[23] EHRLICH A S. H5N1: A cautionary tale[J]. Frontiers in public health, 2014, 2: 117.

[24] ELHADIDY M, EL-THOLOTH M, BROCARD A S. Implementation of active learning approach to teach biorisk management and dual-use research of concern in egypt[J]. Appl biosaf, 2019, 24(2): 100-110.

[25] EVANS N G, SELGELID M J, SIMPSON R M. Reconciling regulation with scientific autonomy in dual-use research[J]. J Med Philos, 2022, 47(1): 72-94.

[26] EVANS N G, SELGELID M J. Biosecurity and open-source biology: the promise and peril of distributed synthetic biological technologies[J]. Sci Eng Ethics, 2015, 21(4): 1065-1083.

[27] FAUCI A S, COLLINS F S. Benefits and risks of influenza research: lessons learned[J]. Science, 2012, 336(6088): 1522-1523.

[28] GLUCK J P, HOLDSWORTH M T. FDA releases draft guidance on regulation of genetically engineered animals[J]. Kennedy Inst Ethics J, 2008, 18(4): 393-402.

[29] GOSTIN L. The influenza controversy: should limits be placed on science? [J]. Hastings Cent Rep, 2012; 42(3): 12-13.

[30] GRAHAM T D. Impacts of dual-use research on life science researchers including veterinarians[J]. Am J Vet Res, 2013, 74(1): 166-170.

[31] HÄYRY M. Ethics and cloning[J]. Br Med Bull, 2018, 128(1): 15-21.

[32] HENKEL R, MILLER T, WEYANT R. Monitoring select agent theft, loss and release reports in the united states——2004—2010[J]. Applied biosafety, 2012, 18: 171-180.

[33] HUYNH NGOC B. How to balance the risk and benefit of dual use research of concern[J]. International journal of biology, 2016, 9(1): 18.

[34] IENCA M, VAYENA E. Dual use in the 21st century: emerging risks and global governance[J]. Swiss Med Wkly, 2018, 148: W14688.

[35] IMPERIALE M J, CASADEVALL A. A new approach to evaluating the risk-benefit equation for dual-use and gain-of-function research of concern[J]. Front bioeng biotechnol, 2018, 6: 21.

[36] IMPERIALE M, HOWARD D, CASADEVALL A. The silver lining in gain-of-function experiments with pathogens of pandemic potential[J]. Methods Mol Biol, 2018, 1836: 575-587.

[37] IMPERIALE MICHAEL J and CASADEVALL A. A new synthesis for dual use research of concern[J]. PLoS medicine, 2015, 12（4）: e1001813.

[38] JAMEEL S. Ethics in biotechnology and biosecurity[J]. Indian journal of medical microbiology, 2011, 29（4）: 331-335.

[39] JAN V A. When risk outweighs benefit. Dual-use research needs a scientifically sound risk-benefit analysis and legally binding biosecurity measures[J]. Embo reports, 2006, 7 Spec No: S10-S13.

[40] JEANTINE E, LUNSHOF, BIRNBAUM A. Adaptive risk management of gene drive experiments: biosafety, biosecurity, and ethics[J]. Applied biosafety: Journal of the American Biological Safety Association, 2017, 22（3）: 97-103.

[41] KARL I. A seminar on human cloning: cloning and risk factors[J]. Journal of assisted reproduction and genetics, 2001, 18（8）: 477.

[42] KASSIRER J P, ROSENTHAL N A. Should human cloning research be off limits?[J]. The New England journal of medicine, 1998, 338（13）: 905-906.

[43] KING N M, Perrin J. Ethical issues in stem cell research and therapy[J]. Stem Cell Res Ther, 2014, 5（4）: 85.

[44] KRAMKOWSKA M, GRZELAK T, CZYŻEWSKA K. Benefits and risks associated with genetically modified food products[J]. Ann agric environ med, 2013, 20（3）: 413-419.

[45] KUHLAU F, ERIKSSON S, EVERS K, et al. Taking due care: moral obligations in dual use research[J]. Bioethics, 2008, 22（9）: 477-487.

[46] KUHLAU F, HÖGLUND ANNA T, EVERS K, et al. A precautionary principle for dual use research in the life sciences[J]. Bioethics, 2011, 25（1）: 1-8.

[47] LANPHIER E, URNOV F, HAECKER S E, et al. Don't edit the human germ line[J]. Nature, 2015, 519（7544）: 410-411.

[48] LEI R, QIU R. Ethical and regulatory issues in human gene editing: Chinese perspective[J]. Biotechnol Appl Biochem, 2020, 67（6）: 880-891.

[49] LEV O, RAGER-ZISMAN B. Protecting public health in the age of emerging infections[J]. Isr Med Assoc J, 2014, 16（11）: 677-682.

[50] LIPSITCH M. Why do exceptionally dangerous gain-of-function experiments in influenza? [J]. Methods Mol Biol, 2018, 1836: 589-608.

[51] MACINTYRE C R, ADAM D C, TURNER R, et al. Public awareness, acceptability and risk perception about infectious diseases dual-use research of concern: a cross-sectional survey[J]. BMJ Open, 2020, 10（1）: e029134.

[52] MALAKOFF D, ENSERINK M. Dual use research. New U.S. rules increase oversight of H5N1 studies, other risky science[J]. Science, 2013, 339（6123）: 1025.

[53] MASAYUKI S. Dual use research of concern issues in the field of microbiology research in Japan[J]. Journal of disaster research, 2013, 8（4）: 693-697.

[54] MEMI F, NTOKOU A, PAPANGELI I. CRISPR/Cas9 gene-editing: research technologies, clinical applications and ethical considerations[J]. Semin perinatol, 2018, 42（8）: 487-500.

[55] MILLER S, SELGELID M J. Ethical and philosophical consideration of the dual-use dilemma in the biological sciences[J]. Science and engineering ethics, 2008, 13（4）: 523-580.

[56] MOREAU D T. Ecological risk analysis and genetically modified salmon: management in the face of uncertainty[J]. Annu Rev Anim Bio sci, 2014, 2: 515-533.

[57] MORITZ R. Assessing dual use research of concern（DURC）-lessons learned from the United States government institutional DURC policy[J]. Can J Microbiol, 2022, 68（11）: 655-660.

[58] MUTSAERS I. One-health approach as counter-measure against "autoimmune" responses in biosecurity[J]. Soc Sci Med. 2015, 129: 123-130.

[59] NARIYOSHI S, MASAMICHI M, Malcolm D. Bioweapons and dual-use research of concern[J]. Journal of disaster research, 2013, 8（4）: 654-666.

[60] PATRONE D, RESNIK D, Chin L. Biosecurity and the review and publication of dual-use research of concern[J]. Biosecur bioterror, 2012, 10（3）: 290-298.

[61] ROHDEN F, NELSON C J, YOST C K, et al. Proceedings of the Dual Use Research of concern panel discussion: challenges and perspectives[J]. Can J Microbiol, 2022, 68（5）: 377-382.

[62] RUDENKO L, MATHESON J C, Sundlof S F. Animal cloning and the FDA—the risk assessment paradigm under public scrutiny[J]. Nat Bio technol, 2007, 25（1）: 39-43.

[63] SALLOCH S. The dual use of research ethics committees: why professional self-governance falls short in preserving biosecurity[J]. BMC Med Ethics, 2018, 19（1）: 53.

[64] SELGELID M J. A tale of two studies; ethics, bioterrorism, and the censorship of science[J]. Hastings center report, 2007, 37（3）: 35-43.

[65] SELGELID M J. Gain-of-function research: ethical analysis[J]. Sci Eng Ethics, 2016, 22（4）: 923-964.

[66] SHALEV M. HHS creates new advisory board to improve biosecurity in "dual use" research[J]. Lab animal, 2004, 33（4）: 14.

[67] SHANNON O. Dual use beyond the life sciences: an LIS perspective[J]. Library and information science research, 2015, 37（3）: 176-188.

[68] SHANNON O. Dual use research: investigation across multiple science disciplines[J]. Science and engineering ethics, 2015, 21（2）: 327-341.

[69] SHAPIRO D S. The need for a decision: the future of biological science and humanity[J]. Future microbiol, 2015, 10（1）: 5-7.

[70] SINGH O V, GHAI S, PAUL D, et al. Genetically modified crops: success, safety assessment, and public concern[J]. Appl microbiol biotechnol, 2006, 71（5）: 598-607.

[71] SOMERVILLE A M, ATLAS M R. Ethics: a weapon to counter bioterrorism[J]. Science, 2005, 307（5717）: 1881-1882.

[72] SPARROW P A. GM risk assessment[J]. Mol biotechnol, 2010, 44（3）: 267-275.

[73] STRONG C. The ethics of human reproductive cloning[J]. Reprod biomed online, 2005（10 Suppl 1）：45-49.

[74] STUART N. Dual-use research of concern（DURC）review at American Society for Microbiology journals and its effect on other organizations[J]. mBio, 2015, 6（5）: e01512-15.

[75] WELLS D N. Animal cloning: problems and prospects[J]. Rev Sci Tech, 2005, 24（1）：251-264.

[76] WEST R M, GRONVALL G K. CRISPR cautions: biosecurity implications of gene editing[J]. Perspect Biol Med, 2020, 63（1）：73-92.

[77] WIMMER E, PAUL A V. Synthetic poliovirus and other designer viruses: what have we learned from them? [J]. Annu Rev Microbiol, 2011, 65：583-609.

[78] WOOLVERTON J C. The dual-use dilemma in life science research[J]. Journal of microbiology & biology education, 2010, 11（1）：66-67.

[79] YANG X, TIAN X C, KUBOTA C, et al. Risk assessment of meat and milk from cloned animals[J]. Nat biotechnol, 2007, 25（1）：77-83.

[80] ZENG X, JIANG H, YANG G, et al. Regulation and management of the biosecurity for synthetic biology[J]. Synth Syst Biotechnol, 2022, 7（2）：784-790.

中文图书

[1] TUCKER B J. 创新、两用性与生物安全：管理新兴生物和化学技术风险 [M]. 田德桥，译. 北京：科学技术文献出版社，2020.

[2] 黄小茹. 生命科学领域前沿伦理问题及治理 [M]. 北京：北京大学出版社，2020.

[3] 马慧，王海英，郝荣章，等. 人类基因组编辑 [M]. 上海：科学技术出版社，2018.

[4] 沈秀芹. 人体基因科技医学运用立法规制研究 [M]. 山东：山东大学出版社，2015.

[5] 田德桥，王华，曹诚. 流感病毒功能获得性研究风险评估 [M]. 北京：科学出版社，2018.

[6] 田德桥. 生物技术安全 [M]. 北京：科学技术文献出版社，2021.

[7] 王明远. 转基因生物安全法研究 [M]. 北京：北京大学出版社，2010.

[8] 吴能表. 生命科学与伦理 [M]. 北京：科学出版社，2015.

中文期刊文献

[1] 陈大明，朱成姝，汪哲，等. 生物合成科技与应用的监管 [J]. 科学通报，2023，68（19）：2457–2469.

[2] 陈万球. 构建面向2035年生物技术创新与生物安全治理体系 [J]. 中国科技论坛，2020（11）：15–17.

[3] 戴聪哲，郝继英，王宇光. 两用生物技术安全风险评估指标体系研究 [J]. 中华医学图书情报杂志，2022，31（5）：63–71.

[4] 丁迪. 超越生物防御："两用性"安全叙事与美国生物技术政策的演进 [J]. 国际安全研究，2022，40（6）：113–150，154.

[5] 丁迪. 两用生物技术问题的治理挑战 [J]. 现代国际关系，2022，No.395（9）：18–25，59.

[6] 董时军，刁天喜. 高致病性禽流感H5N1病毒基因改造引发争议案例剖析 [J]. 军事医学，2013，37（8）：635–638.

[7] 董时军，刁天喜. 美国生命科学两用性研究监管政策分析 [J]. 生物技术通讯，2014，25（5）：705–710.

[8] 高璐. 生命科学两用研究的治理——以H5N1禽流感病毒的研究与争议为例 [J]. 工程研究：跨学科视野中的工程，2020，12（4）：11.

[9] 关正君，裴蕾，马库斯·施密特，等. 合成生物学生物安全风险评价与管理 [J]. 生物多样性，2012（2）：138–150.

[10] 郭安凤，陈东立，李逸民，等. 生物技术的两用性及其监控措施 [J]. 生物技术通讯，2005（6）：653–656.

[11] 郭建英，万方浩，韩召军. 转基因植物的生态安全性风险 [J]. 中国生态农业学报，2008，No.64（2）：515–522.

[12] 何蕊，曹芹，陈洁君，等. 涉及基因操作的前沿生物技术风险及其法律法规应对 [J]. 生物安全学报，2021，30（1）：3–10.

[13] 何晓丹,陈琦琦,展进涛.欧美等国基因组编辑生物安全管理政策及对中国的启示[J].中国科技论坛,2018(8):183-188.

[14] 胡显文,陆军.人胚胎干细胞的研究:科学与伦理[J].国外科技动态,2000(2):4-8.

[15] 黄雅琼,杨素芳,农微,等.动物克隆技术的研究进展、存在问题及应用前景[J].广西农业生物科学,2008(2):165-170.

[16] 蒋丽勇,阳沛湘,徐雷,等.生物剂相关的两用生物技术风险评估与防控策略[J].军事医学,2020,44(10):721-725.

[17] 李建会.人类基因组研究的价值和社会伦理问题[J].自然辩证法研究,2001(1):24-28.

[18] 李建军,王添.人类胚胎基因编辑研究引发的伦理争辩[J].科学与社会,2016,6(3):32-41.

[19] 梁慧刚,黄翠,宋冬林,等.合成生物学研究和应用的生物安全问题[J].科技导报,2016,34(2):307-312.

[20] 梁慧刚,黄翠,张吉,等.主要国家生物技术安全管理体制简析[J].世界科技研究与发展,2020,42(3):308-315.

[21] 刘海龙.人类克隆:技术与伦理的互动[J].山西师范大学报(社会科学版),2009,36(1):21-24.

[22] 刘晓,王小理,阮梅花,等.新兴技术对未来生物安全的影响[J].中国科学院院刊,2016,31(4):439-444.

[23] 刘晓,熊燕,王方,等.合成生物学伦理、法律与社会问题探讨[J].生命科学,2012,24(11):1334-1338.

[24] 吕成楷.现代生物科技的发展引发的伦理道德问题研究[J].前沿,2011(1):86-92.

[25] 马延和,江会锋,娄春波,等.合成生物与生物安全[J].中国科学院院刊,2016,31(4):432-438.

[26] 乔中东,王莲芸.克隆技术引发的伦理之争[J].生命科学,2012,24(11):1302-1307.

[27] 邱仁宗，翟晓梅，雷瑞鹏.可遗传基因组编辑引起的伦理和治理挑战[J].医学与哲学，2019，40（2）：1-6，11.

[28] 邱仁宗.基因编辑技术的研究和应用：伦理学的视角[J].医学与哲学，2016，37（7）：1-7.

[29] 邱仁宗.人类基因组研究和伦理学[J].自然辩证法通讯，1999，021（001）：70-80.

[30] 宋馨宇，刁进进，张卫文.对两用生物技术发展现状与生物安全的思考[J].微生物与感染，2018，13（6）：323-329.

[31] 田德桥.生命科学两用性研究关注热点的文献计量分析[J].生物技术通讯，2016，27（5）：684-687.

[32] 王盼娣，熊小娟，付萍，等.《生物安全法》实施背景下对合成生物学的监管[J].华中农业大学学报，2021，40（6）：231-245.

[33] 王盼娣，熊小娟，付萍，等.基因驱动技术研究进展及风险管控[J].中国油料作物学报，2021，43（1）：56-63.

[34] 王小理.生物安全时代：新生物科技变革与国家安全治理[J].国际安全研究，2020，38（4）：109-135，159-160.

[35] 王延光.人类基因组研究及其伦理问题[J].道德与文明，2001（2）：4.

[36] 王莹，刘静，张鑫，等.国际生物技术研究开发安全管理现状与启示[J].科技管理研究，2020，40（07）：230-233.

[37] 吴焱斌，王岳.美国重组DNA咨询委员会的演变史[J].科技导报，2022，40（15）：113-122.

[38] 徐畅，杜然然，李玲，等.国外两用性生物技术研究监管现状及启示[J].军事医学，2019，43（3）：217-220.

[39] 薛杨，俞晗之.前沿生物技术发展的安全威胁：应对与展望[J].国际安全研究，2020，38（4）：136-156，160.

[40] 张然，王媛媛，鲍永华，等.转基因动物应用的研究现状与生物安全评价[J].生物产业技术，2010（3）：48-59.

[41] 张鑫，王莹，刘静，等.典型两用性生物技术的潜在生物安全风险分析[J].

中国新药杂志，2020，29（13）：1495-1500.

[42] 张业亮.美国围绕胚胎干细胞研究的道德和政治争议[J].美国研究，2013，027（003）：62-88.

[43] 朱联辉，田德桥，郑涛.生命科学两用性研究的发展及其监管[J].军事医学，2014（2）：4.

[44] 朱联辉，田德桥，郑涛.生物技术发展与风险管控[J].军事医学科学院院刊，2009，33（5）：456-460.